Horst Hegewald-Kawich

300 Fragen zur Hundeerziehung

➤ Kompaktes Wissen von A bis Z
➤ Experten-Tipps aus der Praxis

Inhalt

Früherziehung – das erste Lebensjahr ?

Inhalt

Inhalt

■ Einmaleins des Grundgehorsams

Gut erzogen im Haus ?

Inhalt

Gut erzogen in der Öffentlichkeit ?

Inhalt

Hilfe bei Problemen ?

■ **Anhang**

Auflösung » Testen Sie Ihr Wissen über Hunde-Erziehung «

1. Ja, in dieser Phase lernt er am besten (→ Seite 109).
2. Ja, denn der Ranghöhere sitzt oben (→ Seite 234).
3. Nein, denn Strafe stresst den Hund (→ Seite 37).
4. Ja, dann lernt er prägungsähnlich (→ Seite 40, 101).
5. Ja, damit spricht er mit uns (→ Seite 50).
6. Ja, das ist ein »Chef-Zeichen« (→ Seite 127).
7. Ja, diese Übungen gehören zum Grundgehorsam (→ Seite 127).
8. Ja, die Stimmung überträgt sich auf den Hund (→ Seite 36).
9. Nein, dann verstärkt sich seine Angst (→ Seite 69).
10. Nein, Wiederholungen töten die Lernfreude (→ Seite 138).
11. Ja, ein Reiz löst ein Verhalten beim Hund aus (→ Seite 33).

Grundwissen zur Erziehung

Viele Missverständnisse und Fehler im Umgang mit Hunden sind darauf zurückzuführen, dass der Hund vermenschlicht wird. Für ein besseres Verständnis des Hundes sollte man aber wissenschaftliche Erkenntnisse berücksichtigen.

1. **Abstammung:** Welches Wildtier war eigentlich an der Entstehung des Hundes beteiligt?

Der Hund ist nicht in der freien Natur entstanden, sondern er wurde vom Menschen vor etwa 12 000 Jahren »geschaffen«. Nach neuesten DNA-Analysen (genetische Untersuchungen) steht nach langen Zweifeln jetzt endgültig fest, dass der Wolf alleiniger Stammvater des Hundes ist. Die Wölfe hatten sich damals als Jungtiere dem Menschen angeschlossen (→ unten). Diese Hauswölfe isolierten die Menschen der Frühzeit von den wilden Wölfen und züchteten daraus im Lauf der Jahrtausende den Hund nach ihren Vorstellungen.

2. **Domestikation – Beginn:** Wie fanden die ersten Kontakte zwischen Mensch und Wolf statt?

Dies wird wohl ewig eine Hypothese bleiben, da es über die Anfänge der Domestikation (→ Info unten) keinerlei Beweise, etwa durch Ausgrabungen, gibt. Die Wissenschaft hält jedoch folgende These für die wahrscheinlichste: Unsere Vorfahren, damals noch nicht sesshafte Jäger und Sammler, lebten mit dem

INFO

Domestikation
Der Begriff stammt aus dem Lateinischen und bedeutet »Überführung ins Hauseigentum«. Man versteht darunter die Umwandlung von Wild- in Haustiere beziehungsweise Wild- in Kulturpflanzen. Grundlage des Domestikationsprozesses ist die Zuchtauswahl, das heißt, Lebewesen, die den Vorstellungen des Menschen entsprechen, werden gezielt miteinander gekreuzt und vermehrt. Der Wolf war das erste Tier, das vom Menschen domestiziert wurde. Er wurde zum Hund.

Wolf anfangs in einer Art lockerer Symbiose. Das heißt, beide profitierten voneinander. Die Wölfe hielten sich häufig in der Nähe der altsteinzeitlichen Lagerstätten unserer damals noch umherziehenden Vorfahren auf, »entsorgten« deren Abfälle und warnten die Menschen durch ihr Fluchtverhalten vor der Annäherung gefährlicher Tiere oder vor anderen feindlichen Stämmen.

3. **Domestikation – Rassenentstehung:** Welchen Nutzen erhoffte sich der Mensch durch die Domestikation des Wolfes?

Zunächst brachte der Wolf dem Urmenschen keinerlei wirtschaftlichen Nutzen. Erst als der Mensch vor etwa 10 000 Jahren, zu Beginn der Jungsteinzeit, anfing, sesshaft zu werden, und Behausungen baute, erkannte er allmählich verschiedene Verwendungsmöglichkeiten für seine Wolfshunde. So versuchte er im Lauf der Zeit »Schutzhunde« für seine anfangs noch kümmerlichen Herden, »Jagdhunde« zum Auffinden von Wild oder kräftige Zughunde zu züchten, indem der Mensch Hunde, die seinem geplanten Leistungsziel am Nächsten kamen, gezielt verpaarte. Alle anderen wurden ausselektiert. Diese Hundeformen kann man aber noch lange nicht als Rassen im heutigen Sinn bezeichnen. Die vielen verschiedenen Hunderassen (→ Info Seite 12) entstanden erst in den letzten paar Jahrhunderten durch gezielte Kreuzung und Auslese.

4. **Domestikation – Sozialgefüge:** Wieso gelang gerade die Domestikation des Wolfes so gut?

Sowohl Urmensch als auch Wolf lebten in Familienverbänden mit ähnlichen sozialen Strukturen, in denen eine strenge Rangordnung herrschte. Das heißt, das Befolgen der Regeln einer Gruppengemeinschaft war auch im Wolf genetisch verankert. Als Einzelgänger, außerhalb der Geborgenheit ihrer sozialen Verbände, hätten weder Mensch noch Wolf auf Dauer Überlebenschancen gehabt. Außerdem können sich Mensch und Wolf beziehungsweise Hund damals wie heute mittels Körpersprache und Mimik verständlich machen. Der als Wolf in der Menschenfamilie beginnende Hund lernte sehr schnell die Körper- und Lautsignale des Menschen richtig einzuordnen und zu verstehen. Schließlich hatten sie ein gemeinsames Interesse: die Jagd.

5. **Domestikation – Voraussetzungen:** Welche Voraussetzungen brachte der Wolf mit, dass er sich in das »Menschenrudel« integrieren ließ?

Die Eingliederung war nur deshalb möglich, weil der Wolf, wie alle Hundeartigen (Caniden), in einem Rudel mit strenger Hierarchie lebt. An der Spitze steht das Leitwolfpaar, dem sich alle anderen Rudelmitglieder unterordnen. An unterster Stufe stehen die Welpen. Das bedeutet: Es ist innerhalb der Gruppe wichtig, sich gut anzupassen und schnell zu lernen. Beide Talente sind auch bei unseren Hunden bis zum heutigen Tag erhalten geblieben, sie haben sich sogar noch verstärkt. Caniden sind menschlich gesehen »Egoisten«, stets bemüht, ihre Lebens-

INFO

400 Hunderassen
Durch die »innerartliche Variabilität« (Fähigkeit zur Variation), die beim Wolf und Hund genetisch verankert ist, war es dem Menschen möglich, bis heute ca. 400 Hunderassen aus dem Stammvater Wolf herauszuzüchten – vom winzigen, knapp 15 Zentimeter großen Chihuahua bis zum über 70 Zentimeter hohen Irish Wolfhound. Zum Vergleich: Der Wolf hat bis 100 Zentimeter Schulterhöhe.

qualität zu verbessern. Daher lernen sie auch gerade in menschlicher Gemeinschaft sehr schnell, unerwünschte Verhaltensweisen zu ändern oder ein von uns gewünschtes Verhalten zu zeigen, wenn sie dafür belohnt werden. Diese angeborene Fähigkeit ist eine der wichtigsten Voraussetzungen für die Erziehbarkeit der Hunde. Insgesamt dauerte die Domestikation des Wolfes aber einige Jahrtausende.

Der Wolf hat sich vor circa 12 000 Jahren freiwillig dem Menschen angeschlossen – danken wir es ihm?

6. **Domestikation – Wolf:** Wie gelang es dem Urmenschen, den Wolf zu zähmen, ohne ihn in Gefangenschaft zu halten?

Man nimmt an, dass sich der Abstand zwischen Mensch und Wolf im Lauf der Jahrtausende immer mehr verringerte, bis einzelne, besonders unterwürfige, schon als Welpen auf den Menschen geprägte Wölfe freiwillig beim Menschen blieben und auch bei ihm ihre Jungen zur Welt brachten. Von diesen blieben wiederum die unterordnungsbereiteren freiwillig bei den Menschen. Als nicht sesshafte Jäger und Sammler hätten die Menschen damals mit dem Stand ihrer Technik auch keine Möglichkeiten gehabt, den Wolf in Gefangenschaft, das heißt in einem Gehege zu halten.
So begann die Domestikation des Wolfes nicht vom Menschen gezielt geplant, sondern zufällig, weil beide zur selben Zeit den gleichen Lebensraum teilten.

7. Domestikation – Ziel: Ab wann kann man vom Haustier Hund sprechen?

Der Hund gilt als das erste und älteste Haustier des Menschen. Die Domestikation des Wolfes begann zu einer Zeit, als der Mensch noch nicht sesshaft war, nämlich vor etwa 12 000 Jahren. Jahrtausende hatte der Mensch seine Hauswölfe von den wilden Wölfen isoliert gehalten und nach seinen Vorstellungen züchterisch geformt. Dabei hat er aber nicht nur einfach Wölfe für den Hausgebrauch gezähmt, sondern er hat auf den Grundlagen des Wolfes ein neues Tier geschaffen – den Hund. Damit war ihm eine seiner ersten großen Kulturleistungen gelungen. Als der Mensch dann sesshaft wurde, Vieh züchtete und das Land bestellte, hatte er viel mehr Verwendungsmöglichkeiten für die Hunde. Alle Arbeitsleistungen vollbrachte der Hund aber immer in Verbindung mit dem Menschen. Zu dieser Zeit schützte er bereits als Hund die mit seiner Hilfe inzwischen gezähmten Viehherden des Menschen vor seinen eigenen Vorfahren, den Wölfen!

8. Dominanz – Definition: Was bedeutet eigentlich Dominanz?

Mit Dominanz wird die Überlegenheit eines Tieres einem anderen Tier gegenüber bezeichnet. Das überlegene Tier nimmt innerhalb eines Rudels einen höheren Rang ein (→ Rangordnung Seite 42). Heute erkennt man auch in Ausbilderkreisen langsam, dass Dominanz kein durch Vererbung festgelegtes Verhalten darstellt, sondern dass Dominanzverhalten jeweils situationsbezogen in der Beziehung zwischen zwei Lebewesen gezeigt wird. In Einzelsituationen handelt derjenige dominant, der mit der jeweiligen Situation am souveränsten umgeht. Das jeweils andere Tier erkennt sofort an der Körpersprache, am Verhalten und an der gesamten Ausstrahlung die Ranghöhe.

9. Dominanz – Hundeverhalten: Woran erkennt man einen dominanten Hund?

Die Grundhaltung eines dominanten Hundes ist Freundlichkeit, ohne sich anzubiedern. Auch ist er nicht feindselig oder aggressiv. Er strahlt Ruhe und Souveränität aus und wird von Artgenossen sofort als dominant erkannt und von subdominanten Hunden unterwürfig als Ranghöherer anerkannt. Optisch erkennt man einen dominanten Hund an seiner Haltung: Er trägt Kopf und Schwanz erhoben.
Wenn ein Hund an der Leine tut, was er will, Aggressionen zeigt oder keine Kommandos befolgt, dann ist er in der Regel nicht dominant, wie viele Hundehalter fälschlicherweise oft behaupten, sondern wahrscheinlich nur schlecht erzogen. Ein dominanter Hund hat lautstarke oder sogar körperliche Auseinandersetzungen nicht nötig.

10. Erziehung: Warum ist es wichtig, dass man Hunde erzieht?

Ein gut erzogener Hund fällt dadurch auf, dass er nicht auffällt. Allerdings muss man grundsätzlich bedenken, dass jegliches Verhalten des Hundes artgerecht und angeboren ist und dass es sich nicht um ein böswilliges Verhalten handelt! Was für den Hund aber normal ist, ist für den Hundehalter bisweilen unerwünscht, etwa weil der Hund dieses Verhalten zum falschen Zeitpunkt oder am falschen Ort zeigt. In die Wohnung pinkeln, Möbel und Teppiche annagen oder Schuhe zerfleddern, dies sind für den noch unerzogenen Welpen ganz natürliche Verhaltensweisen, weil er schrankenlos seine angeborenen Triebe ausleben möchte und ohne Erziehung ja nicht wissen kann, dass solche Aktivitäten im »Rudelverband« mit Menschen unerwünscht sind. Wir müssen daher schon bei der Früherziehung (→ Seite 88) das triebhafte, das heißt angeborene und schrankenlose Verhalten des

Hundes durch Setzen ganz klarer und konsequenter Grenzen (→ Seite 89) in richtige Bahnen lenken.

11. Erziehung – Reaktionszeit: In welchem zeitlichen Abstand soll der Halter auf Verhaltensweisen des Hundes reagieren? ?

Wenn Sie Ihren Hund für etwas Gewünschtes, das er gut gemacht hat, belohnen wollen oder sein gerade unerwünschtes Verhalten abbrechen oder korrigieren müssen, dann müssen Ihre Reaktionen sofort erfolgen. Eine erwünschte Leistung müssen Sie innerhalb einer Sekunde belohnen (positive Verstärkung), unerwünschtes Verhalten im gleichen Zeitraum korrigieren, denn der Hund verknüpft seine Aktion und Ihre Reaktion nur, wenn sie gleichzeitig erfolgen.
Um auf ein Verhalten des Hundes positiv oder negativ zu reagieren, ist es für das richtige Timing wichtig, dass Ihre Reaktion nicht erst dann erfolgt, wenn der Hund schon wieder auf einen neuen Reiz reagiert.

Mensch-Hund-Harmonie gelingt nur bei artgerechter Erziehung.

12. Erziehung – Zeitpunkt: Stimmt es, dass man schon den wenige Wochen alten Welpen erziehen muss?

Ja, die Erziehung des Hundes beginnt mit dem Tag seines Einzugs in Ihre Wohngemeinschaft. Während seines ersten Lebensjahrs, der sogenannten Grunderziehungsphase, sollte der Welpe unter Ihrer absoluten Kontrolle (→ Seite 89) heranwachsen. Das heißt, dass Sie während seiner Wachzeiten auf alle seine jeweiligen Aktionen positiv oder negativ reagieren müssen. Denn der Welpe beobachtet und beurteilt Ihre Reaktionen auf sein jeweiliges Verhalten permanent.

So lernt der Hund aufgrund seiner enormen Anpassungsfähigkeit sehr schnell, was er darf und was nicht. Er fügt sich problemlos in den ihm zustehenden untergeordneten Platz in der Familie ein und fühlt sich darin wohl, wenn er seinen Erzieher versteht und von seinem »Rudel« verstanden wird.

13. Erziehung – Ziel: Was will man mit der Erziehung des Hundes erreichen?

Die Förderung und positive Verstärkung eines erwünschten Verhaltens und die Abgewöhnung unerwünschter Aktivitäten sind die grundsätzlichen Ziele der Erziehung. Richtige Erziehung ist eine Kunst und formt den ganzen Hund, indem sie gerade die Verhaltensweisen positiv verstärkt, die den Hund im Zusammenleben mit uns so liebenswert machen.

Damit meine ich nicht, dem Hund in speziellen Übungsstunden mit Leckerbissen Kunststücke beizubringen oder durch Schmerzbereitung unerwünschtes Verhalten abzugewöhnen. Die »Erziehung« erstreckt sich über den gesamten Tagesablauf, und als »Übungsplatz« zählen alle Orte, an denen wir uns jeweils mit dem Hund befinden. Das Gehirn des Hundes macht nämlich keine Lernpausen. Der Hund lernt auch, wenn wir uns nicht mit ihm beschäftigen. Dann allerdings nur Dinge, die er selbst interessant findet. Aus diesem Grund darf auch die Erziehung zeitlich nicht begrenzt sein.

14. Erziehungsmethoden früher: Wie wurden Hunde früher erzogen?

Viele veraltete Ausbildungsmethoden gingen davon aus, dass der Hund nur zuverlässige Leistungen erbringt, wenn er sie unter Anwendung von Zwang gelernt hat. Die »Unterordnung« wurde den Hunden »eingebläut«, ihr Widerstand mit Schlägen gebrochen. Sie mussten schnell lernen, Unerwünschtes zu meiden, weil es sonst wehtat. Und so taten sie einfach nur das, was keine Schmerzen zur Folge hatte. Sie lernten aus Angst das sogenannte Meideverhalten und zeigten als Ergebnis oft den passiven Gehorsam (Kadavergehorsam) eines »geprügelten« Hundes.

15. Erziehungsmethoden heute: Wie werden Hunde heute erzogen?

In den letzten 30 Jahren hat sich vieles positiv verändert. Unsere Hunde dürfen heute hoch motiviert und spielerisch lernen und kommen über positive Verstärkung (→ Seite 124) und artgerechte Verknüpfung zum lustvoll erlebten Lernerfolg. Eine enge und vertrauensvolle Bindung zu ihrem Erzieher und Ausbilder während ihrer Entwicklung ist die Grundlage für artgerecht und liebevoll erzogene Hunde.

16. Erziehungsmethoden – Wertung: Was zeichnet eine gute Erziehung aus?

Eine gute Erziehung muss das Verhalten des jeweiligen Hundes berücksichtigen. Es gibt die unterschiedlichsten Erziehungsmethoden, doch welche auch

immer Sie wählen, sie sollte auf der positiven Verstärkung durch Belohnung des erwünschten Verhaltens
basieren. Unerwünschtes Verhalten wird nicht belohnt, es wird ignoriert, oder es löst sogar eine negative Erfahrung aus, etwa einen unerwarteten Wasserstrahl aus einer Spritzpistole, ein lautes, unfreundli-
ches Signal oder scheppernde Geräusche. Auch daraus
lernt der Hund.

Es gibt keinen vernünftigen Grund, dem Hund während der Erziehung oder bei der Ausbildung Schmerzen zu bereiten. Das heißt, Starkzwang ist heute zum
Glück in der Ausbildung und artgerechten Erziehung
verpönt, wenngleich er aber von nicht wenigen Ausbildern leider immer noch angewandt wird. Unter

PRIMÄRE UND SEKUNDÄRE VERSTÄRKER

VERSTÄRKER	WIRKUNG
Primärer Verstärker: zum Beispiel Leckerchen, Strei- cheln oder Beloh- nungsspiele	Der Hund fühlt sich durch die primären Verstärker schon von Natur aus belohnt, weil er sie gern mag. Es ist nicht nötig, dass dem Einsatz eines primären Verstärkers eine Übung oder ein Lernprozess vorausgeht.
Sekundärer Verstärker: zum Beispiel Clicker	Dies ist ein an sich neutraler Reiz, der durch Konditionierung (→ Seite 33) mit einem primären Verstärker (→ oben) zu einer Belohnung wird. Beispiel: Nachdem der Hund auf das Geräusch eines Clickers konditioniert wurde, nimmt er das Clicker-Geräusch, also den sekundären Verstärker, quasi als Gutschein für die folgende Beloh- nung wahr. Es bestätigt ihm nur, dass sein gerade ausgeführter Teilschritt des erwünsch- ten Verhaltens richtig war. Das Lecker- chen kommt später.

Starkzwang versteht man Methoden der Erziehung, mit denen dem Hund unter Zufügen von Schmerz oder durch körperliche Züchtigung Befehle beigebracht werden. Das andere Extrem ist die antiautoritäre Erziehung, die überhaupt nicht zum angeborenen Verhalten des Hundes passt, weil ihm als Rudeltier dabei keine Grenzen gesetzt werden.

17. **Hundehaltung früher: Wie wurden die Hunde früher gehalten?**

Bis etwa zum Beginn des 20. Jahrhunderts hielt man in der Regel einen Hund nur, wenn man ihn für einen bestimmten Zweck brauchte. Diese sogenannten

SO VERSTEHT SIE IHR HUND

Was Sie Ihrem Hund mitteilen wollen, muss er eindeutig aus Ihrer Körpersprache oder an der Tonfärbung Ihrer Stimme erkennen können.

VERHALTEN	VERHALTENSWEISEN
Sozio-positives Verhalten	➤ Beschwichtigung ➤ Freundliche Annäherung ➤ Streicheln, Schmusen mit dem Hund ➤ Freundliches Ansprechen ➤ Belohnung ➤ Spiel
Sozio-negatives Verhalten	➤ Bedrohen des Hundes durch Gesten, Anschreien oder Auf-ihn-Zurennen ➤ Werfen von Gegenständen in Richtung des Hundes ➤ Wegstoßen mit Armen und Beinen ➤ Wegreißen von Gegenständen, mit denen sich der Hund gerade beschäftigt
Sozio-neutrales Verhalten	➤ Ignorieren von lautlicher oder körperlicher Kontaktaufnahme des Hundes ➤ Weggehen, wenn sich der Hund nähert ➤ Sich abwenden

Jagd-, Dienst- und Gebrauchshunderassen waren reine Arbeitshunde (→ Seite 248), die sicher im Zwinger oder an der Kette verwahrt wurden, wenn sie gerade nicht gebraucht wurden. Diese Pausen waren zur Erholung von den Arbeitseinsätzen nötig. Die Hunde waren ausgelastet, und Verhaltensstörungen wegen Unterforderung gab es so gut wie nicht. Während die Gebrauchshunde »Hilfsmittel« für einen bestimmten Zweck waren, dienten die Schoßhunde (Gesellschaftshunde) mehr als Spielzeug. Nur ihnen war der Aufenthalt im Haus erlaubt. Als Sozialpartner wurden aber nur die wenigsten gehalten.

18. **Hundehaltung heute:** **Was hat sich heute in der Hundehaltung gegenüber früher geändert?**

Besonders in den letzten 50 Jahren hat sich im Zusammenleben von Mensch und Hund Gravierendes geändert. Die Hunde leben fast durchwegs in den Wohnungen in unmittelbarer Nähe zu ihren Menschen und dienen als Sozialpartner. Oft werden sie total vereinnahmt und – was noch schlimmer ist – vermenschlicht. Leider kommt es auch vor, dass sie Liebhaberobjekt, Lebendspielzeug, sogar Statussymbol und im besten Fall Sportgerät sind. Beim Hundekauf entscheidet heute fast nur noch das Aussehen des Hundes. Seine Arbeitsintelligenzen, das heißt seine angezüchteten Talente für spezielle Verwendungszwecke, werden heute kaum mehr benötigt, und oft werden sie sogar als unerwünschtes Verhalten gewertet.

19. **Hundehaltung heute – Nachteile:** **Welche Auswirkungen hat die heutige Hundehaltung auf die Hunde?**

Der größte Teil der Dienst- und Gebrauchshunderassen ist beschäftigungslos, weil die Hunde nicht mehr für die Zwecke gebraucht werden, für die sie ursprünglich gezüchtet wurden. Sie werden heute nach optischen Gesichtspunkten gekauft und nur noch als Begleithunde auf der Couch gehalten. Ihnen wird aber keine ihrer Rasse gemäße Beschäftigung geboten. Trotzdem werden die meisten dieser Rassen mit den gleichen Zielvorgaben wie früher weitergezüchtet. Solche Hunde sind also unterfordert, und früher oder später kommt es zu Verhaltensstörungen. Handelt es sich dabei um Dominanzprobleme, das heißt, ist die Rangordnung im Mensch-Hund-Team nicht eindeutig zugunsten des Hundehalters gefestigt, dann enden sie oft für die Besitzer mit Beißunfällen. Bekommen sehr lauffreudige Rassen zu wenig Bewegung, suchen sie sich eine Ersatzbeschäftigung, wie den Garten umgraben.

20. Hundeschule – Qualitätskriterien: Nach welchen Qualitätskriterien wähle ich eine gute Hundeschule bzw. Welpenspieltage aus?

Eine gute Hundeschule sollte folgende Anforderungen erfüllen:
➤ Die Schule darf nur artgerechte, gewaltlose Ausbildung anbieten.
➤ Die Praxisausbildung muss durch ausreichende Theorie ergänzt werden.
➤ Die Gruppen sollten nicht mehr als sechs bis acht Teilnehmer umfassen.
➤ Der Ausbilder muss für alle Rassen genügend Erfahrung mitbringen.
Meiden Sie Ausbilder, die ihre eigenen Hunde mit Würge- oder Stachelhalsbändern (→ Seite 71) führen. In der Welpenspielgruppe sollten die Hunde in der Regel nicht älter als ungefähr 16 Wochen sein. Ideal wäre es, wenn Welpen der verschiedensten Rassen anwesend wären. Auf keinen Fall sollen die Welpen schon ausgebildet werden, sondern im Vordergrund sollten das gemeinsame Spiel, die Festigung der Bindung zwischen Welpen und ihren Haltern sowie

die Förderung ihrer
Motivationsbereit-
schaft stehen.

21. Instinkt – Definition: Was versteht man unter Instinkten?

Instinkte, zu Deutsch
nach Konrad Lorenz
Triebhandlungen, sind
angeborene, zweck-
und zielgerichtete
Mechanismen der Ver-
haltenssteuerung, die
sich in geordneten
Bewegungsabläufen

> *Freudiges Apportieren – eine der häufigsten Aufgaben von Jagdhunden. Sie lernen es über den aktiven Gehorsam.*

äußern. Diese werden durch einen bestimmten Reiz
verursacht. So löst ein sich schnell bewegendes Tier
den Beute- und Jagdinstinkt aus. Weitere Beispiele
sind die Bereitschaft zur Unterordnung, Unterwerfung oder Anhänglichkeit. Instinktive Verhaltensmuster oder Triebregungen müssen nicht erlernt werden,
man kann sie als Grundausstattung bestimmter
Fähigkeiten bezeichnen. Allerdings können Instinkte
durch Gelerntes überlagert werden. Kommt der Hund
mit einem instinktiven Verhalten ans Ziel, wird er es
wiederholen. Scheitert er, dann versucht er es mit
einem anderen Verhalten, weil der Trieb ja drängt.
Oder er lässt es bleiben. Auf jeden Fall hat er durch
Versuch und Irrtum (→ Seite 38) etwas gelernt.

22. Instinkt – Erziehung: Welche Instinkte des Hundes gilt es bei seiner Erziehung zu beachten?

Da der Hund schon viele Jahrtausende vom Wolf isoliert in der Obhut des Menschen lebt, unterscheiden

sich seine Lebensbedingungen gravierend von denen des Wolfes. Trotzdem trägt der Hund noch viel wölfisches Erbe in seinen angeborenen Instinkten in sich. Einige Beispiele für angeborene, aber durch die Domestikation abgeschwächte Instinkthandlungen: Scharren nach dem Absetzen von Kot, angedeutetes oder tatsächliches Vergraben von Nahrungsresten oder die kreisende Bewegung vor dem Hinlegen. Dies war für den Wolf wichtig, um das Steppengras niederzudrücken und sich eine Schlafkuhle zu schaffen. Die genannten Beispiele werden im Miteinander von Mensch und Hund keine Probleme bereiten.

Es gibt aber auch Instinkte, die sich bei den jeweiligen Hunderassen mehr oder weniger ausgeprägt zeigen und teilweise bei der Erziehung und im täglichen Umgang mit dem Hund eine Rolle spielen. Dies sind zum Beispiel der Beute- und Jagdinstinkt, der Territorialinstinkt (Verteidigung von Haus/Garten und seinen Menschen), der soziale Rudelinstinkt (Anpassungsfähigkeit im Rudel, Aufzucht der Jungen, Unterdrückung von Aggression im Rudel) und der Sexualinstinkt. Da Instinktverhalten angeboren ist, muss es der Hund nicht lernen.

Der Welpe muss lernen, auf Pfiff oder »Hier« schnell und zuverlässig zu seinem Besitzer zu kommen.

Ist er freudig angekommen, wird er sofort ausgiebig gelobt und mit einem attraktiven Leckerchen belohnt.

23. Lernen – Belohnung: Hat Belohnung Einfluss auf das Lernverhalten des Hundes?

Unter Belohnung versteht man die positive Erfahrung, die der Hund unmittelbar nach einem von uns erwünschten Verhalten macht. Ein Beispiel: Er setzt sich auf das Hörzeichen »Sitz« schnell hin und wird unmittelbar nach dem Absitzen, innerhalb der nächsten Sekunde (nicht später!), mit einem Leckerbissen oder mit Streicheln belohnt. Die Belohnung erfolgt also immer unmittelbar nach dem erwünschten Verhalten des Hundes. Ihr Vierbeiner wird dies mit der Zeit richtig verknüpfen und künftig diese Übung wieder anstreben, um die Belohnung zu erreichen. Er lernt also durch Belohnung.

24. Lernen – Bestätigung: Wie unterscheidet sich Lernen durch Bestätigung von Lernen durch Belohnung?

Erfahrungen, die der Hund während eines von ihm gezeigten Verhaltens macht, bezeichnet man als Bestätigung. Die Bestätigung erhält der Hund im Gegensatz zur Belohnung, noch während er das Verhalten zeigt. Sie kann ein gerade ablaufendes erwünschtes Verhalten des Hundes bestätigen oder während eines unerwünschten Verhaltens negativ auf den Hund einwirken. Daher sprechen wir von positiver oder negativer Bestätigung.
Beispiel für positive Bestätigung: Sie haben Ihren Hund zu sich gerufen, und er kommt brav. Noch während der Hund auf dem Weg zu Ihnen ist, loben Sie ihn lautstark.
Beispiel für negative Bestätigung: Ihr Hund ist im Begriff, ein Tortenstück vom gedeckten Kaffeetisch zu stehlen. Noch während er dabei ist, auf den Tisch zu steigen, werfen Sie eine Blechdose, gefüllt mit Steinen. Der Hund erschrickt über den Lärm und unterbricht sein Tun. Dafür loben Sie ihn.

KENNENLERNEN DER UMWELT

Mit Umwelt meint man alle Einflüsse, die für die Entwicklung unserer Hunde bedeutend sind. In der intensivsten Zeitspanne der ersten 16 Wochen muss der Welpe täglich Neues ken-

NATÜRLICHE UMWELT
Die ersten prägenden Umwelterfahrungen machen die neugeborenen Welpen unter der Fürsorge der Hündin und des Züchters. Der Züchter muss den Welpen eine optimale Verhaltensentwicklung ermöglichen.

NATÜRLICHE UMWELT
Gesunde Aufzucht von Welpen ist günstiger, wenn diese in den Frühling bzw. Sommer hineinwachsen. Zu dieser Zeit ist die Möglichkeit, eine erlebnisreiche Umwelt in der freien Natur zu erleben, für den Hund am größten.

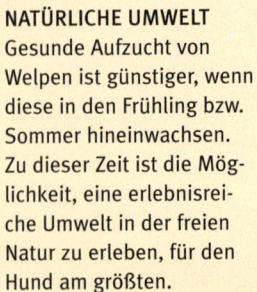

SOZIALE UMWELT
Einflüsse der sozialen Umwelt bestehen für den Hund aus Menschen, die er neben seinen Geschwistern bald kennenlernen sollte. Beschäftigung des Züchters mit den Welpen ist die Basis der Erfahrung mit dem Menschen.

nenlernen, um die Entwicklung seines Gehirns zu fördern. Seine spätere Intelligenz und seine Fähigkeit zu lernen sind von den erlebten Reizen seiner jeweiligen Umwelt abhängig.

SOZIALE UMWELT
Der Hund braucht in erster Linie Nestwärme und Zuwendung. Letztere erfährt er positiv am besten im Spiel. Hier erfährt er die Andersartigkeit des Menschen. Kontakte mit fremden Hunden bauen sein Sozialverhalten aus.

ZIVILISATORISCHE UMWELT
Kommt ein Welpe bei der Abgabe in eine überwiegend zivilisatorische Umwelt, dann wird er wahrscheinlich einen gewaltigen Schock erleiden, wenn er diese belastenden Umwelterfahrungen vorher nicht erlebt hat.

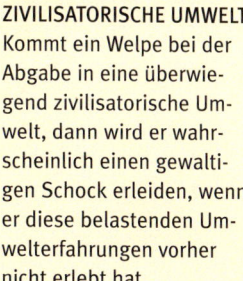

ZIVILISATORISCHE UMWELT
Der mit Augenmaß und Fingerspitzengefühl geplante Besuch einer Fußgängerzone kann viele Erfahrungen bringen. Positive Prägung auf die vielen optischen und akustischen Reize ist für den jungen Hund lebenswichtig.

25. Lernen – Emotionen: **Wirken sich Emotionen auf die Gedächtnisleistungen der Hunde aus?**

Emotion ist quasi der Antriebsmotor des Gemütszustandes eines Hundes. Seine Emotionen entscheiden zum Beispiel darüber, ob er sich jemandem nähern oder ihn meiden soll. Positive Gefühle dem Trainer gegenüber und dadurch positiv erlebte Trainingserfahrungen helfen dem Hund, sich das Gelernte besonders fest einzuprägen und dieses auf ein entsprechendes Hör- oder Sichtzeichen (→ Seite 43, 44) besonders schnell aus dem Gedächtnis abzurufen. Erlebt der Hund dagegen die gleiche Ausbildungssituation mit Angst oder gar Schmerz, dann entsteht eine negative Emotion, die den Hund am Erlernen der Übungen stark behindern würde.

26. Lernen – Gewöhnung: **Was heißt Lernen durch Gewöhnung?**

Unter Gewöhnung versteht man die allmählich abnehmende Reaktion eines Tieres auf einen Reiz, der wiederholt dargeboten wird. »Lernen durch Gewöhnung« wird zum Beispiel eingesetzt, um dem Hund die Angst vor lauten Geräuschen oder bedrohlich wirkenden Gegenständen zu nehmen. Dazu wird dem Vierbeiner das Angst auslösende Geräusch so lange in abgeschwächter Form oder auf größere Entfernung präsentiert, bis er sich daran »gewöhnt« hat, diesen Reiz als harmlos einstuft und nicht mehr ängstlich darauf reagiert.

27. Lernen – Hundeverhalten: **Was heißt für den Hund »Lernen«?**

Lernen bedeutet für den Hund, Informationen aus der Umwelt aufzunehmen, im Gedächtnis zu speichern und zu verarbeiten und diese Information auf einen bestimmten Reiz hin als Verhaltensweise zu zeigen. Dadurch kann sich der Hund schnell an die verschiedensten, stetig wechselnden Umweltbedingungen anpassen. Hunde werden aber auch aus Erfahrung klug, weil sie, aus ihrer Sicht gesehen, eigentlich fast alles über Versuch und Irrtum (→ Seite 38) lernen. Frühe Umweltgewöhnung, Konfrontation mit neuen Geräuschen, Gerüchen, Menschen, anderen Tierarten und technischen Geräten fördern die Gehirnentwicklung des Welpen. Leichte Übungen, die von ihm als spielerisch und lohnend empfunden werden, fördern die natürliche Lust am Lernen.

28. Lernen – Konditionierung: Was versteht man unter Lernen durch Konditionierung?

Hunde lernen über das Prinzip der Konditionierung. Auf einen bestimmten Reiz wird beim Hund ein bestimmtes Verhalten ausgelöst.

➤ Bei der »operanten Konditionierung«, die am häufigsten angewandt wird, lernt der Hund durch Erfolg und Misserfolg. Der Hund wird in Zukunft das am liebsten wiederholen, womit er Erfolg hatte, etwa belohnt wurde. Dagegen wird er das unterlassen, was er als unangenehm erlebt hat oder was ihm nichts eingebracht hat.

➤ Bei der »klassischen Konditionierung« löst beispielsweise ein neutraler Reiz, wie das Bereitlegen von Halsband und Leine, die Freude des Hundes auf den bevorstehenden Spaziergang aus. Hier hat der Hund durch eigenes Beobachten und Verknüpfen verschiedener, gleichbleibender Handlungen seines Frauchens oder Herrchens selbst gelernt.

Viele Dinge im täglichen Leben lernt der Hund mithilfe der Konditionierung selbst. Das Rascheln beim Öffnen einer Tafel Schokolade oder das Öffnen der Kühlschranktür lösen eventuell Bettelverhalten aus, und diese Geräusche hört der Hund selbst noch aus weitester Entfernung.

29. Lernen – Motivation: Welche Rolle spielt die Motivation beim Lernen des Hundes?

Als Motivation wird in der Hundeerziehung die Kraft oder Bereitschaft bezeichnet, die den Hund dazu bringt, etwas ganz Bestimmtes zu tun. Eine Vielzahl von Faktoren bewirkt die Motivation, wie äußere Reize (etwa Leckerchen) oder innere Reize (Triebbefriedigung). Dementsprechend unterscheidet man zwischen Eigenmotivation, die zum Beispiel auf biologischen Grundbedürfnissen (inneren Reizen wie Nahrungsbeschaffung oder Neugierde) basiert, und Fremdmotivation, die in Form von sozialer Belohnung oder äußeren Reizen (Locken mit Spielzeug und/oder mit Leckerchen) oder mit körpersprachlicher Motivation durch den Ausbilder bei der Erziehung und Ausbildung angewandt wird. Grundvoraussetzung für die Motivierbarkeit des Hundes ist jedoch, dass seine Grundbedürfnisse (Nahrung, Wasser, Schlaf etc.), sein Sicherheitsbedürfnis (bekanntes Territorium) und die Sozialstrukturen im Mensch-Hund-Team geklärt und erfüllt sind. Zu leichte oder zu schwierige Aufgaben mindern die Arbeitsmotivation des Hundes. Ein Hund, der nicht motivierbar ist, ist nicht ausbildungsfähig.

30. Lernen – Nachahmung: Können Hunde durch Nachahmung lernen?

Bei Hütehunden ist es üblich, dass Junghunde das gezielte Hüteverhalten von einem erfahrenen Althund abschauen, genauso wie junge Wölfe durch Beobachten ihrer Eltern das erfolgreiche Jagen lernen. Bei der Erziehung eines Familienhundes kann ein erwachsener Hund mit ausgeglichenem Wesen als Vorbild sehr nützlich sein, weil der Welpe viel von ihm lernt. Hat der Welpe aber als Vorbild in der Familie einen unsicheren Hund mit schwachem Wesen, wird dies seiner guten Verhaltensentwicklung eher schaden.

31. Lernen – Negativverstärker: Hilft »negative Verstärkung« dem Hund beim Lernen?

Hunde tun bestimmte Dinge nicht oder meiden sie, wenn diese mit negativen Erfahrungen verbunden sind. Dieses Verknüpfen eines für uns unerwünschten Verhaltens mit einer für den Hund unangenehmen Erfahrung wird von Psychologen als »negative Verstärkung« bezeichnet. Früher sagte man »Strafe« (→ Seite 48) dazu. Da der Hund grundsätzlich nach dem Prinzip »Versuch und Irrtum« lernt, wird er künftig negativ verstärktes Verhalten meiden, dagegen positiv verstärktes Verhalten, zum Beispiel durch Belohnung, immer wieder gern anstreben. Mit Zwang Erlerntes will er auch nicht gern wiederholen.

NEGATIVVERSTÄRKER

Mit ihrer Hilfe lassen sich unerwünschte Verhaltensweisen des Hundes abbrechen oder verhindern.

ART DES NEGATIVVERSTÄRKERS	WIRKUNG
Unangenehme Töne, wie bestimmte Lautstärken, sehr hohe oder sehr tiefe Frequenzen, Ultraschall (Hundepfeife), Klapperdose, Disc-Scheiben	Auslösen von Unbehagen oder Erschrecken
Wasser, zum Beispiel Wasser-Spritzpistole	Auslösen von Erschrecken
Ignorieren oder sozialer Ausschluss, zum Beispiel sich vom Hund wortlos abwenden oder ihn sogar allein im Zimmer zurücklassen	Nichtbeachtung
Gerüche, wie einen dem Hund unangenehmen Geruch an einem zu schützenden Gegenstand auftragen oder per Fernsteuerung über einen Sprühmechanismus am Halsband auslösen	Abscheu
Schmerz, etwa Würgehalsbänder, Stachel- oder Korallenhalsbänder	Auslösen von Angst

Schmerz als Negativverstärker einzusetzen ist Tierquälerei. Elektroschock-Halsbänder (→ Seite 71) zur Perfektionierung des Hundes im Hundesport lehne ich als sinnlose Quälerei ab. Leider werden diese Geräte aber in letzter Zeit wieder vermehrt auf Kosten vieler Sporthunde von Menschen verwendet, die lieber das »Knöpfchen« statt das »Köpfchen« benutzen. Wer seinen Hund auf diese Art erzieht, zerstört das Vertrauensverhältnis zwischen Tier und Mensch!

32. Lernen – Räumliches Lernen: Was versteht man unter räumlichem Lernen?

Hat der Hund seine Gehorsamsübungen (Sitz, Platz usw.) immer auf dem gleichen Gelände ohne Ablenkung gelernt, wird er sie sehr schnell perfekt ausführen. Für den Ausbilder aber unbemerkt, hat er den ihm gut bekannten Übungsplatz mit dem Lernprozess verknüpft. Als Folge kann der Hund diese Übungen dann an einem anderen Ort nicht fehlerlos ausführen (→ auch Seite 43). Um dies zu verhindern, müssen Sie mit dem Hund die Übungen Schritt für Schritt an verschiedenen fremden Orten mit zunächst geringen Ablenkungen trainieren. Allmählich steigern Sie die Ablenkungen.

33. Lernen – Stimmungsübertragung: Welchen Einfluss hat die sogenannte Stimmungsübertragung auf das Lernen?

Durch Stimmungsübertragung kann in sozialen Gruppen eine gleiche Handlungsbereitschaft ausgelöst werden. Die Stimmungsübertragung ist auch vom Menschen auf den Hund möglich. So können Sie zum Beispiel Ihren lustlosen Hund motivieren, wenn Sie Ihre eigene aktive Stimmung bewusst einsetzen, oder Ihren lebhaften oder nervösen Hund beruhigen, indem Sie selbst Ruhe vermitteln, das heißt, nicht hektisch agieren und ruhig und entspannt mit Ihrem Hund kommunizieren. Ebenso wirkt der Hundeführer als positives, beruhigendes Vorbild, wenn er beispielsweise einer kritischen Situation, bei der sein Hund unsicher und ängstlich reagiert, wie selbstverständlich und entschlossen entgegentritt. So wird durch die selbstbewusste Stimmungsübertragung die Angst des Junghundes abgeschwächt oder sogar gegenstandslos. Würde der Hundeführer aber auf die betreffende Situation ebenfalls mit Unsicherheit oder gar mit Flucht reagieren, würde sich der Hund in seiner Angst bestätigt fühlen und in Zukunft ähnliche Situationen meiden.

34. Lernen – Strafe: Warum wird durch Strafe das Lernen des Hundes behindert?

Unter Strafe verstehen die meisten Menschen den Einsatz von Stachelhalsband oder Stromgeräten, Leinenrucke, Schlagen, Würgen, Treten, am Nackenfell schütteln und vieles mehr, also Schmerz zufügen und Angst auslösen. Strafe wird aber nicht von jedem Hund gleich empfunden. Während manche Hunde bereits unter einem strengen Blick ihres Herrchens oder Frauchens fast zusammenbrechen, habe ich schon Hunde erlebt, die trotz eines ausgelösten Elektroschocks den Hasen fröhlich weiterjagten.
Die Strafe löst im Hund Stress aus, wenn er während der Strafeinwirkung Schmerz und Angst erleidet oder sogar nur befürchtet. Auch schon die Erwartung, dass gleich der schmerzhafte Ruck mit dem Stachelhalsband kommen könnte, stresst den Hund sehr. Selbst wenn dieser Ruck-Schmerz dann gar nicht eintritt. Aber der Hund merkt ja, dass er das schmerzauslösende Halsband statt eines weichen Halsbandes trägt. Der Stress wirkt sich negativ auf das Tier aus (→ Seite 49), er löst Meideverhalten und Flucht aus. Die Lernbehinderung entsteht primär durch diese sofort eintretenden negativen Auswirkungen von Stress.

35. **Lernen – Versuch und Irrtum:** Was heißt Lernen durch »Versuch und Irrtum«?

Hunde lernen auch ohne unser Zutun viele Dinge, die für sie von Interesse sind. Hier lernen sie überwiegend durch Versuch und Irrtum. Das heißt, sie machen erfolgreiche beziehungsweise erfolglose oder angenehme beziehungsweise unangenehme Erfahrungen. Wenn ein Hund vom Tisch hie und da einen Happen bekommt oder sich sogar ohne Konsequenzen selber nimmt, wird er dieses Verhalten immer öfter und trickreicher zu wiederholen versuchen, weil er immer wieder den Erfolg anstrebt. Erschrickt er jedoch beim Versuch zu klauen, weil etwas laut klappernd vom Tisch fällt, oder wird sein Betteln in der Folgezeit konsequent ignoriert, bleibt er erfolglos. Dadurch wird er künftig seinen Irrtum erkennen und seine Versuche einstellen.

Das Lernen über Versuch und Irrtum lässt sich auch gezielt in die Erziehung und Ausbildung einbauen, indem Sie unerwünschte Handlungen Ihres Hundes durch Lärm, Wasser etc. unterbrechen, wobei der Hund nicht erkennen darf, dass dies von Ihnen ausgeht.

36. **Prägungsphasen:** Welchen Einfluss haben die sogenannten Prägungsphasen auf die Entwicklung des Hundes?

Der Hunde-Verhaltensforscher Eberhard

INFO

Prägung
Nach der Verhaltensforscherin Dorit Feddersen-Petersen ist Prägung ein »... in früher Jugend in bestimmten sensiblen Phasen erfolgender, relativ schneller Lernvorgang mit stabilem Lernergebnis.« Alles was der Hund in dieser Phase kennenlernt, ist unwiderruflich eingeprägt. Die Prägung kann nicht mehr nachgeholt werden, wenn die sensible Phase verstrichen ist.

Trumler bezeichnet die ersten 16 Lebenswochen eines Hundes als Prägungsphasen. Sie sind wohl die intensivste Zeitspanne während der Entwicklung eines Hundes, denn diese Zeit ist für das spätere Verhalten des Hundes »prägend«. In dieser »sensiblen« Phase reifen seine Sinne, entwickelt sich sein Körper, und durch intensives Spiel mit Gleichaltrigen werden sein Körperbewusstsein und sein Sozialverhalten trainiert. Hier wird der Grundstein für sein späteres Sozialverhalten gelegt. Hier entscheidet es sich auch, wie sich Ihr Hund später, wenn er erwachsen ist, mit anderen Hunden verträgt. Seine Lernbereitschaft ist in keiner anderen Lebensphase größer.

Das bedeutet, dass alle Erfahrungen, die der Welpe in dieser sensiblen Phase macht – sowohl die positiven als leider auch die negativen –, sich ihm unwiderruflich einprägen und dadurch das spätere Verhalten des Hundes stark beeinflussen. Nicht umsonst wird diese Phase als »Prägungsphase« bezeichnet.

Die Sache hat allerdings einen Haken: Was der Welpe nämlich in dieser Entwicklungsphase nicht erlebt, ist in seinem späteren Erfahrungsschatz auch nicht vorhanden. Deshalb ist es wichtig, dass Ihr Welpe täglich Neues kennenlernt und erkunden kann – je mehr, desto besser –, damit sein Gehirn komplex und gut ausgebildet wird. Ein solcher Welpe wird später intelligenter und lernwilliger sein als ein in reizarmer Umgebung heranwachsender Artgenosse. Wenn Sie sich zum Beispiel einen Hund von einem einsamen Bauernhof holen, der in himmlischer Ruhe und gesunder Luft, aber ohne fremde Menschen, Autos, lärmende Kinder und fremde Artgenossen aufgewachsen ist, so werden Sie einen Hund mit sozialen Problemen haben. Denn dieser Hund leidet an sogenannten Erfahrungsdefiziten, die er nach der 16. Woche nie mehr ganz ausgleichen kann.

In der Entwicklung eines Welpen werden auch die 4. bis 7. Woche als Prägungsphase bezeichnet. Dies gilt deshalb, weil der Welpe in diesen Wochen prägungsähnlich lernt.

In der folgenden Tabelle sind die einzelnen Entwicklungs-
phasen in Zeitabschnitte mit Altersangaben eingeteilt. Die
Übergänge von einer Altersstufe zur anderen sind natürlich
gleitend, und manchmal überlagern sie sich sogar. Es sind

PHASE	DAS GESCHIEHT IN DIESER PHASE
Vegetative Phase (1. und 2. Woche)	➤ Die Welpen sind taub und blind, sie trinken und schlafen nur.
Übergangsphase (3. Woche)	➤ Öffnen der Lidspalten und der äußeren Gehörgänge ➤ Erste Leckkontakte mit den Geschwistern als Start der Sozialkontakte.
Prägungsphase (4. bis 7. Woche): Alles, was der Welpe jetzt kennenlernt, prägt sich ihm für immer ein, vor allem, ob dies angenehm oder unangenehm war.	➤ Hören und Sehen sind voll entwickelt ➤ Erkunden der natürlichen Umwelt (Wurflager, nähere Umgebung) ➤ Besonders leichtes Lernen ➤ Stressfreies Erkunden der sozialen Umwelt (Garten, Haus, Wohnung usw.) unter Aufsicht ➤ Allmähliche Entwicklung der Beziehung zur Umwelt, zu fremden Menschen oder anderen Tierarten
Sozialisierungsphase (8. bis 12. Woche): Die Qualität der künftigen Partnerschaft zwischen Mensch und Hund wird in dieser Phase unwiderruflich geprägt.	➤ Entwicklung von Selbstsicherheit und Selbstvertrauen im Umgang mit fremden Menschen ➤ Basis für Verhalten gegenüber Menschen, Artgenossen und anderen Tieren wird gelegt ➤ Je öfter der Welpe Lernen als Spiel empfindet, desto freudiger wird er später lernen. ➤ Der soziale Umgang mit Artgenossen muss

PHASEN DES HUNDES

nur Anhaltspunkte, denn manchmal hat sich etwas in einer Entwicklungsstufe schon erkennen lassen, was sich in der nächsten Phase erst klar zeigt.

PHASE	DAS GESCHIEHT IN DIESER PHASE
	in Welpenspielstunden geübt und vertieft werden. ➤ In dieser Phase durch falsche Behandlung erworbene Unsicherheiten sind später nicht mehr zu reparieren.
Rangordnungsphase (13. bis 16. Woche)	➤ Allmähliche Entscheidung, wen der Welpe in der Familie aufgrund seiner Erfahrungen als Autorität anerkennt oder wer ihm nichts zu sagen hat. Ende der Früherziehung
Rudelordnungsphase (5. und 6. Monat)	➤ Bei guter Früherziehung automatisches Einfügen auf seinen ihm zustehenden Rangordnungsplatz in der Familie ➤ Bei Versagen des Menschen Versuch, seine Ranghöhe zu verbessern, indem er immer häufiger zum Beispiel Befehle verweigert und im schlimmsten Fall die Führung übernimmt
Pubertätsphase (je nach Rasse etwa ab dem 7. Monat)	➤ Eintritt in die Geschlechtsreife. Der Rüde beginnt das Bein zu heben, und die Hündin kommt in die erste Hitze. Beide werden erwachsen. ➤ Eventuelles Ausloten seiner Grenzen und Infragestellen bestehender Hierarchien

37. **Rangordnung – Definition: Was versteht man unter Rangordnung?**

Als Rangordnung wird in der Verhaltensforschung die soziale Hierarchie innerhalb eines Rudels, in unserem Fall innerhalb eines Wolfsrudels, bezeichnet, in der jedes Tier eine bestimmte Funktion erfüllt. Das ranghöchste Tier wird Alpha-, das rangniedrigste Omegatier genannt. Ranghöhere genießen Vorteile zum Beispiel bei der Nahrungsaufnahme oder bei der Paarung. Im Wolfsrudel herrscht eine klare Rangordnung. Deshalb ordnet sich der Hund im Mensch-Hund-Rudel freiwillig rangniedriger als der Mensch ein, wenn er den Menschen als Alphatier anerkennt. Dazu muss der Mensch den Hund bereits ab der Früherziehung artgerecht behandeln und konsequent erziehen. Gelingt das nicht, wird der Hund die Führung des »Rudels« übernehmen – und er führt es zum Leidwesen des Menschen sehr konsequent.

38. **Rangordnung – Mensch/Hund: Ist eine klassische Rangordnung zwischen Mensch und Hund überhaupt möglich?**

Heute bezweifeln manche Fachleute immer mehr, dass es eine Rangordnung im klassischen Sinn (→ oben) im Mensch-Hund-Team gibt. Unbestritten ist aber, dass Hunde sehr anpassungsfähig sind und sich allein schon deshalb konsequenten Menschen unterordnen. Außerdem sind Hunde Egoisten, und das

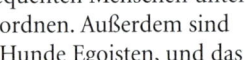

In einem Mensch-Hund-Verband muss die Rangordnung stimmen, damit es keine Probleme gibt. Der Mensch ist der Chef.

Befolgen von Befehlen hängt bei ihnen nicht selten davon ab, ob es einen Gewinn bringt. In diesem Fall ist es ihnen dann auch oft egal, ob der befehlsgebende Mensch ranghöher ist oder nicht. Wahrscheinlich sind wir für unseren Hund so eine Art »Überhund«, mit dem er »angepasst« nach den Regeln einer sozialen Grundordnung zusammenlebt. Aus der Sicht des Hundes sind wir sicher allein schon aufgrund unserer körperlichen Unfähigkeiten und unserer verkümmerten Sinne nicht als echter Rudelführer geeignet. Trotzdem, Rangordnung hin oder her, wenn wir keine allzu großen Fehler machen, respektiert und liebt uns unser Hund bis an sein Lebensende.

39. Räumliches Lernen: Welche Auswirkungen kann räumliches Lernen in der Praxis haben?

Hunde, die ihre Übungen immer auf dem gleichen Platz trainiert haben (räumliches Lernen), versagen kläglich, wenn sie plötzlich an einem anderen Ort ihr Können unter Beweis stellen sollen (→ Seite 36). Diese leidvolle Erfahrung mussten schon viele Sporthundeführer mit ihren jungen, auch gut ausgebildeten Hunden machen, wenn sie mit ihnen erstmals auf einem fremden Platz starteten. Speziell der im Hundesport (→ Tabelle Seite 45) noch unerfahrene Hund braucht unbedingt vor dem Wettkampf einen Erkundungsgang über den fremden Platz, damit er sich die räumliche Sicherheit »erschnüffeln« kann, die er für seine volle Leistung braucht.

40. Signale – Hörzeichen: Was sind Hörzeichen?

Hörzeichen, wie zum Beispiel Sitz, Platz oder Hier, sind Signale oder Kommandos, die wir mit unserer Stimme dem Hund geben. Durch Konditionierung (→ Seite 33) hat der Hund gelernt, welche Bedeutung die Hörzeichen haben. Jedes Hörzeichen muss klar und unmissverständlich sein. Und für jede Übung dürfen Sie nur ein dafür bestimmtes und unverwechselbares Hörzeichen verwenden.

41. **Signale – Sichtzeichen: Was versteht man unter Sichtzeichen?**

Da sich Hunde untereinander auch glänzend mit ihrer Körpersprache verstehen, nehmen sie Signale, die von unseren Körperbewegungen ausgehen, grundsätzlich besser an als gesprochene Worte. Diese sagen ihnen anfangs gar nichts, ihre Bedeutung müssen sie lernen (→ oben). Wie Hörzeichen müssen Sie auch Sichtzeichen klar und gut verständlich geben und jeder Übung ein bestimmtes Sichtzeichen zuordnen. Wenn Sie Übungen wie Platz, Sitz oder Hier nur mit Sichtzeichen abrufen möchten, dann setzt dies voraus, dass Sie Sichtkontakt mit dem Hund haben.
Sie können Ihren Hund auch mittels Sichtzeichen motivieren, etwa zu einem Spiel auffordern. Dies muss der Hund nicht lernen, das versteht er sofort.

42. **Signale – Verwendung: Kann man Hör- und Sichtzeichen gleichzeitig einsetzen?**

Man kann selbstverständlich Hör- und Sichtzeichen gleichzeitig benutzen, wenn der Hund während der Grundausbildung auch beide Arten der Signale kombiniert gelernt hat. Ihr Hund wird sich freuen, wenn sich bei der »Arbeit« endlich etwas mehr rührt. Der Einsatz beider Zeichen ist, wie ich meine, eine ideale Kombination. Denn man hat auch bei der spielerischen Beschäftigung des Hundes mehr Möglichkeiten zu variieren, und der Hund muss sich dabei auch mehr konzentrieren. Bringen Sie Ihrem Welpen zum Beispiel Sitz bei, wird er beim Sichtzeichen »erhobener Finger« hochschauen und sich schon deshalb fast von selbst setzen.

SPORTHUNDE-TRAINING

Mit einem gut erzogenen Hund fallen Sie immer positiv auf. Vielleicht wollen Sie aber mit dem Hund noch andere Ziele erreichen. Im Folgenden eine kurze Übersicht, welche sinnvollen Beschäftigungen es für Hunde gibt. Informationen erhalten Sie bei den Hundeverbänden (Adressen → Seite 254).

BESCHÄFTIGUNG	DAS WIRD GEFORDERT
Begleithundeprüfung	Überprüfung des Grundgehorsams in Bezug auf die Verkehrssicherheit des Hundes
Vielseitigkeitsprüfung	Sportlicher Wettkampf in Fährte, Unterordnung und Schutzdienst
Fährtenhundprüfung	Sportlicher Wettkampf in der Nachsuche von sehr alten Fährten
Turnierhundesport (THS)	Sportlicher Vierkampf in Unterordnung, Hürdenlauf, Slalomlauf und Hindernisparcours
Agility	Überwindung von Hindernissen auf einem Geschicklichkeitsparcours (ähnlich dem Turnierspringen bei Pferden) nach Zeit und Fehlern
Obedience	Sportlicher Wettkampf spezieller Gehorsamsübungen
Team-Dance	Harmonisches Bewegungsspiel, das Sport und Musik im gemeinsamen Tanz von Mensch und Hund verbindet
Flyball	Rasanter Mannschaftswettkampf mit Ballmaschine und Überwinden von Hindernissen, bei dem Apportieren Voraussetzung ist

LAUTSPRACHE

Zur Lautsprache gehören Knurren, Wuffen, Bellen, Heulen, Winseln, Fiepen oder Schreien. Deren Intensität hängt von der Vererbung und der jeweiligen Rasse ab. Auch der Mensch trägt seinen Anteil an einem lauten oder leisen Hausgenossen durch die Erziehung bei.

LAUT	DAS DRÜCKT DER HUND DAMIT AUS
Knurren	Ausdruck von Überlegenheit oder Drohlaut bei Hunden wie bei Wölfen. Welpen beginnen schon in der zweiten Lebenswoche zu knurren, außerdem gehört es unüberhörbar zu den Kampfspielen mit den Wurfgeschwistern.
Wuffen	Laut der Überraschung oder wenn sich der Hund nicht ganz sicher ist. Wuffen entsteht beim Bellen mit geschlossenem Fang.
Bellen	Hunde bellen in den verschiedensten Situationen, weshalb es oft zu Missverständnissen zwischen Mensch und Hund kommt. Bellen kann Begrüßung, Erschrecken, Drohung oder Verteidigung bedeuten. Oft bellen Hunde auch zur Spielaufforderung. Um es richtig zu verstehen, muss man auch die übrigen Körpersignale wie Körperhaltung oder Mimik richtig deuten.
Heulen	Ausdruck der Zusammengehörigkeit bei Wölfen; Hunde heulen meist, wenn sie sich einsam fühlen. Dann wird das Heulen – anders als beim Wolf – immer wieder durch Bellen unterbrochen.
Winseln	Laut des Unbehagens, den der Hund auch während der passiven Unterwerfung hören lässt. Winseln bei aktiver Unterwerfung bedeutet Bitte um Beachtung. In beiden Fällen kann das Winseln aber auch durch Bellen ersetzt werden, das manchmal mit Fieplauten kombiniert wird.
Fiepen	Lautes, gedehntes, mit offenem Mund ausgestoßenes Winseln.
Schreien	Empfindet der Hund große Angst oder Schmerzen, dann kann das Fiepen leicht in Schreien übergehen.

Leider darf man bei allen Unterordnungsprüfungen nach den heute noch bestehenden Prüfungsordnungen im Hundesport nur mit Hörzeichen arbeiten. Manche Hunde wären sicher motivierter, wenn sie auf beides reagieren dürften.

43. **Sinnesleistungen:** **Wie unterscheiden sich Hund und Mensch in ihren Sinnesleistungen?**

➤ Geruchssinn: Der Hund ist in seiner Riechleistung dem Menschen wohl tausendfach überlegen. Die Grenzen seiner Fähigkeiten sind noch nicht endgültig erforscht. Man weiß, dass die Schleimhautfläche mit Riechzellen in der Nase der Hunde viel größer ist als beim Menschen, weil sie stark aufgefaltet ist: 125 Millionen Riechzellen auf 75 Quadratzentimetern beim Dackel, 220 Millionen Riechzellen auf 150 Quadratzentimetern beim Schäferhund, acht Millionen Riechzellen auf drei Quadratzentimetern beim Menschen.

➤ Gehörsinn: Auch er ist beim Hund leistungsfähiger. Hunde können Töne von 15 Hz bis 50 000 Hz (Ultraschall) hören. Damit übertreffen sie den Menschen etwa um das Dreifache, denn dessen Obergrenze liegt in jungen Jahren etwa bei 20 000 Hz, später bei 15 000 bis 17 000 Hz. Die Untergrenze ist gleich. Hunde mit Stehohren können ihre Ohren auf eine Schallquelle hin ausrichten, dadurch ist auch ihr Richtungshören besonders gut ausgebildet.

➤ Gesichtssinn: Hundeaugen sind die Augen eines Jägers, das heißt, sie sind vor allem auf das Erfassen kleinster Bewegungen spezialisiert. Im Nahbereich sehen Hunde aber unscharf. Weil sie auf ihrer Netzhaut vor allem Stäbchen als lichtempfindliche Sinneszellen besitzen, die für Hell-/Dunkel-Sehen verantwortlich sind, vermögen Hunde gut in der Dämmerung und nachts zu sehen. Im Vergleich zum Menschen besitzen sie nur ein Fünftel der für das Farbensehen verantwortlichen Zäpfchen-Sinneszellen und können dadurch nur eingeschränkt Farben sehen.

44. Sprache: Wie verständigen sich Hunde?

Neben der Lautsprache (→ Seite 46) setzen Hunde bei der Kommunikation untereinander vor allem die Körpersprache ein. Darüber »sprechen« sie primär auch mit dem Menschen. Um die Körpersprache zu verstehen, müssen Sie folgende Körpersignale genau beobachten: Gesichtsausdruck einschließlich der Ohrenhaltung, Körper- und Schwanzhaltung. Beurteilen Sie aber nie (!) nur ein isoliert gesehenes Körpersignal, wie etwa eine wedelnde Rute. Nur alle Zeichen zusammen zeigen die momentane Stimmung des Hundes. Einige Beispiele für Körpersprache sind auf Seite 50 und 51 zusammengefasst.

45. Strafe: Darf ich meinen Hund am Nacken schütteln, wenn er etwas Verbotenes getan hat?

Auf geht's! Wer spielt mit mir? Das drückt die Körpersprache aus.

Das sollten Sie auf keinen Fall tun, denn dadurch lösen Sie bei ihm Todes-angst (Stress) aus, weil

48

Nackenschütteln in der Natur bedeutet, zu töten. Hundegerechte Strafen können Sie auf Seite 88 nachlesen. Um dem Hund etwas Verbotenes abzugewöhnen oder sein unerwünschtes Verhalten abzubrechen, müssen Sie korrigierend auf ihn einwirken, während er das Verhalten gerade zeigt. Eine »Bestrafung« nachher nützt nicht viel, weil der Hund immer nur die augenblicklich ablaufende Situation erlebt und die Strafe nicht mit etwas in Verbindung setzen kann, das vorher passiert ist.

46. Stress: Was heißt Stress für den Hund?

Als Stress bezeichnet man die Summe aller Vorgänge im Körper des Hundes, die ihm durch Ausschütten spezieller Stresshormone (beispielsweise Adrenalin) eine schnelle Reaktion, zum Beispiel die Flucht vor einem Feind, ermöglichen. Im Hundekörper werden die gleichen Mechanismen in Gang gesetzt wie im Menschen. Sein Puls wird schneller, der Blutdruck steigt, und die Muskelspannung nimmt zu. Es entsteht schlagartig eine maximale Leistungsbereitschaft, was in der Natur sehr sinnvoll ist, wenn der Hund beispielsweise von einem anderen Hund massiv bedroht wird. Die körperlichen Reaktionen versetzen ihn in die Lage, zu kämpfen oder zu fliehen.

Auf diese momentane Leistungsspitze folgt aber bei jedem Hund mehr oder weniger bald ein Leistungsabfall bis hin zur totalen Erschöpfung. Es dauert dann oft Stunden oder Tage, bis der Organismus die überhöhten Stresshormone wieder abgebaut hat. Wird der Hund während dieser Zeit erneut gestresst, kann er seelisch und sogar körperlich erkranken. Stress, ganz gleich in welcher Form, behindert die Lernvorgänge im Gehirn (→ Seite 52).

Auch als Laie können Sie erkennen, wenn Ihr Hund gestresst ist. Bieten Sie ihm nämlich in dieser Phase selbst sein Lieblings-Leckerchen an, wird er nicht einmal darauf reagieren.

KÖRPERSPRACHE

Hunde kommunizieren untereinander und mit uns Menschen über Körpersprache. Deshalb ist es wichtig, dass Sie sich damit vertraut machen.

IMPONIERENDER HUND

Sein Blick ist vom Gegenüber abgewandt, seine Ohren hält er leicht nach vorne gedreht. Er wirkt steifbeinig, weil er die

Gelenke durchdrückt, und macht sich dadurch größer. Die Rute trägt er hoch, sie pendelt leicht. Mit diesem Gehabe soll die eigene Überlegenheit domonstriert werden – vorerst aber in abwartender Haltung.

SOZIAL UNSICHERER HUND

Der Blick ist unruhig, Gesichts- und Kopfhaut sind gespannt, die Lippen werden nach hinten gezogen, die Ohren ebenfalls, der Kopf ist gesenkt. Das

Gesicht wirkt, als wolle der Hund grinsen. Indem er in den Beinen einknickt, macht sich der Hund kleiner, so als wolle er sich verkriechen. Die Rute ist eingeklemmt.

ANGRIFFSDROHEN

Der Kopf ist leicht gesenkt, die Zähne sind gefletscht, die Lippen kurz, die Ohren trägt er nach hinten gezogen. Meist knurrt

er, manchmal bellt er sogar, dabei fixiert er den Gegner. Die Haare werden gesträubt, die Beine sind gestreckt, die Rute wird weit über dem Rücken getragen. Kurz vor dem Biss reißt der Hund das Maul auf.

Die Körpersprache ist eine anzeigende Sprache im Gegensatz zur beschreibenden Sprache des Menschen. Der Hund kann damit nur sein momentanes Empfinden ausdrücken.

ABWEHRDROHEN
Die Mundwinkel sind weit nach hinten gezogen, die Ohren angelegt. Die Hunde zeigen spontanes Beißen in die Luft. Der

defensivere der beiden beißt oft zuerst (Angstbeißer). Die Beine sind leicht eingeknickt (oft nur kurz), kurzzeitig werden die Haare gesträubt. Die Rute wird eingekniffen und eng an den Unterbauch gedrückt.

DEMUT ODER PASSIVE UNTERWERFUNG
Der Hund vermeidet Blickkontakt. Seine Ohren sind nach hinten gelegt, das Gesicht erscheint welpenhaft, die Lippen wirken, als würden sie grinsen, der Hund zeigt Leckbewegungen. Er winselt, oft uriniert er. Er kann sich auf den Rücken legen, aber auch sitzen oder stehen, wobei er pfötelt. Die Rute ist eingeklemmt.

DEMUT ODER AKTIVE UNTERWERFUNG
Der Blick ist vertrauensvoll auf den Partner gerichtet. Der Körper ist locker, unverkrampft, die Rutenhaltung neutral. In die-

ser Stimmung gibt der Hund auch Pfötchen, leckt die Hände oder möchte an den Mund des Menschen oder an die Schnauze des anderen Hundes kommen. Meist legt er sich auf den Rücken, um am Bauch gekrault zu werden.

47. Stressauslöser: Welche Situationen lösen beim Hund Stress aus?

➤ Nicht ausreichende Sozialisierung des Hundes
➤ Permanente Unterdrückung und sogar Bestrafung seiner angeborenen Verhaltensweisen (Schnuppern, Markieren usw.)
➤ Zu wenig Ruhephasen bzw. Rückzugsmöglichkeiten (etwa durch hyperaktive Kinder)
➤ Geistige und/oder körperliche Überforderung
➤ Dauernde Verunsicherung des Hundes bei der Erziehung oder Ausbildung
➤ Sinnloses Strafen des Hundes mit Angst- oder Schmerzbereitung
➤ Übertriebene Beutetriebförderung oder Hetzspiele (auch beim sogenannten Schutzdienst)
➤ Überflutung mit Sinnesreizen (Licht, Lärm)
➤ Langfristige Isolation
➤ Besitzerwechsel
➤ Krankheit
➤ Angst und Schmerz

48. Stressfolgen: Welche Folgen kann Stress beim Hund haben?

Dauerstress kann sich sowohl auf den Körper als auch auf das Verhalten des Hundes auswirken.
➤ Durch Dauerstress ausgelöste körperliche Krankheitsbilder: Schwächung des Immunsystems; Schwächung des Herz-Kreislauf-Systems; Erkrankungen des Magen-Darm-Traktes; Erkrankungen der Nieren; oft jahrelang unterdrückte Läufigkeit bei Hündinnen.
➤ Stressbedingte Verhaltensstörungen: Erniedrigte Reizschwelle, das heißt, der Hund regt sich über Dinge auf, die ihn früher nicht berührten; Unruhe und/oder erhöhte Aggressionsbereitschaft; »Schwanzjagen«; Wundlecken von Körperteilen, die wund geleckten Körperstellen werden meist erfolglos als »Ekzeme« behandelt.

49. Unterschied Hund – Wolf: In welchen Verhaltensweisen unterscheiden sich Haushund und Wolf?

Einer der wichtigsten Unterschiede zwischen Hund und Wolf ist die mangelnde Dressurfähigkeit des Wolfes. Das heißt, ein Wolf lässt sich nicht erziehen. Ferner flieht der Wolf vor dem Menschen, wogegen beim Hund die sogenannte Wildscheue weggezüchtet ist. Während der Hund sogar sein Territorium und seine dazugehörenden Menschen verteidigt (Fremdschutzhandlung), wählt der Wolf zunächst die Flucht und verteidigt sich erst, wenn es darum geht, sein Leben zu erhalten. Dann allerdings kämpft der Wolf mit einer gnadenlosen Schärfe, die in der Wildnis zum Überleben notwendig ist. Diese Schärfe ist glücklicherweise beim Haushund als Folge der Domestikation deutlich abgeschwächt. Wenn Wölfe miteinander raufen, so tun sie es in der Regel schadensvermeidend, um den Fortbestand des Rudels nicht zu gefährden. Hunde dagegen verletzen sich häufig sogar schwer, was nicht zuletzt oft darauf zurückzuführen ist, dass sich der Mensch in einen Scheinkampf einmischt.

Dieser kleine Draufgänger wächst bei diesem Zerrspiel über sich hinaus, weil sich Frauchen zu ihm herablässt.

Hier begibt sich der Mensch auf die niedrigere Ebene des noch unsicheren Hundes, um ihn mutiger zu machen.

50. Vergleich Denken: Können Hunde wie Menschen »denken«?

Der Hund ist im Gegensatz zum Menschen nicht fähig, abstrakt zu denken, wozu auch das Sprechen gehört. Gefühle wie Liebe, Hass oder Aggressionen kann der Mensch mit Worten und Begriffen ausdrücken und gedanklich verarbeiten. Das kann der Hund nicht. Er kann nur die im Moment konkret empfundenen Gefühle und Stimmungen mit

Das Hütchen-Spiel verlangt Konzentration, fördert Intelligenz und sorgt für Ausgeglichenheit des Hundes.

seiner Körpersprache ausdrücken, nicht aber abstrakte Ansichten oder Meinungen. Er ist aber stets in der Lage, ihm gestellte Probleme wie Intelligenz- und Konzentrationsspiele zu lösen.

Mit seiner ausgeprägten emotionalen Intelligenz kann der Hund in hervorragender Weise auf die Gefühle seines Menschen eingehen und deshalb eine ganz besonders enge Bindung zu ihm aufzubauen.

51. Verhalten – Hunderassen: Zeigen alle Hunderassen die gleichen Verhaltensweisen?

Seit Tausenden von Jahren hat der Mensch gezielt in die Fortpflanzung des Hundes eingegriffen und durch bewusste Verpaarung der Tiere Einfluss auf bestimmte Verhaltensweisen und Fähigkeiten der Hunde genommen. Durch diese Form der Selektion (Auslese) entstanden Hunderassen für die verschiedensten Verwendungszwecke, die sich auch in Körperform und Fellart unterscheiden. Jede Hunderasse zeigt dadurch typische Verhaltensweisen und äußere Merkmale, die sie kennzeichnen. Dabei kann man Rassen, die ähnliche Verhaltensweisen zeigen, zu sogenannten Rassengruppen zusammenfassen, wie Jagdhunde, Hütehunde oder Nordische Hunde (→ Seite 60/61). Das heißt also, dass nicht alle Hunde immer glcich reagieren, vielmehr kann man mit speziellen Rassen auch bestimmte Verhaltensformen verbinden. Das muss beim Kauf eines Hundes unbedingt beachtet werden, damit das zu erwartende Verhalten dieser Rasse auch zu seinem Menschen passt.

52. Verhalten – Jagd: Welche Verhaltensformen sind jagdlichen Ursprungs?

Die Jagd liegt dem Hund noch aus Wolfszeiten im Blut. Bei einigen Rassen wurde das Jagdverhalten weggezüchtet, bei anderen durch Zucht speziell gefördert. Da heutzutage aber oftmals Hunde aufgrund ihres Aussehens gekauft werden und ausgeprägtes Jagdverhalten in der Stadt zu Problemen führen kann, ist es wichtig, dies schon in der Erziehung zu berücksichtigen, das heißt gezielt zu unterbinden. Folgende Verhaltensweisen gehören zum Jagdverhalten:

➤ Anschleichen: Dies zeigt der Hund bei der echten Jagd kurz vor dem Anspringen der Beute. Allerdings kann man es auch beim sozialen Spiel beobachten sowie bei der Begrüßung eines anderen Hundes, wenn er Respekt vor diesem hat und sehr gehemmt ist.

➤ Fixieren: Dadurch versucht der jagende Hund, seine Beute an der Fortbewegung zu hindern, sie sozusagen an einer Stelle zu »fixieren«. Bei Konfrontation mit einem Rivalen drückt der fixierende Hund Dominanz aus.

➤ Anspringen: Auf der Jagd springt der Wolf oder Hund ein Beutetier an, um es in seine Gewalt zu bringen. Bei Auseinandersetzungen mit Artgenossen versucht der Hund dadurch die Bewegungsfreiheit des anderen einzuschränken. Als Teil des Territorialverhaltens ist Anspringen eine Attacke. Beim Liebesspiel fordert so die Hündin in der Standhitze den Rüden zum Hinterherjagen auf.

➤ Dominanz: Das jagende Rudel wird von einem dominanten Tier angeführt, von dem auch die strategischen Signale ausgehen, um zu einem gemeinsamen Jagderfolg zu kommen. Zeigt der Hund im Mensch-Hund-Team dominantes Verhalten, etwa Knurren, wenn er den Sessel verlassen soll, dann stimmt die Rangordnung nicht (→ Seite 42).

53. **Wesen – Frühentwicklung:** **Was versteht man unter Frühentwicklung?**

Als Frühentwicklung bezeichnet man die Zeit von der Geburt des Welpen bis zu seiner Pubertät, die etwa ab dem siebten Monat einsetzt. Sie schließt die Früherziehung (4. bis 16. Woche, → unten) mit ein. Insgesamt gesehen, ist das erste Lebensjahr des Hundes die wichtigste Phase in seinem Leben. In dieser Zeit entwickelt sich sein Körper, außerdem werden sein Wesen und die Grundlagen seines späteren Sozialverhaltens geprägt. Was der Welpe während der Frühentwicklung nicht erlebt, kann später nicht mehr nachgeholt werden.

54. **Wesen – Früherziehung:** **Warum ist die Früherziehung für die Wesensentwicklung eines Welpen wichtig?**

Die Qualität des künftigen Erziehungserfolges und damit auch des endgültigen »Wesens« des Hundes ist nicht nur von seiner Erbanlage (circa 30 Prozent) abhängig, sondern zu einem großen Teil (etwa 70 Prozent) von den Umwelteinflüssen und der Sozialisierung mit Menschen, Artgenossen und anderen Tierarten. Diesen Lern- und Prägungsprozess, eben die Früherziehung, durchläuft der Hund in frühester Jugend ab etwa der 4. bis zur 16. Lebenswoche. In dieser relativ geringen Zeitspanne, die die Prägungs-, Sozialisierungs- und Rangordnungsphase umfasst, wird der Grundstein für sein späteres Wesen gelegt.

55. Wesen – Härte: Was versteht man unter »Härte« eines Hundes?

Viele Ausbilder »alter Art« bezeichnen Hunde als hart, die schwer erziehbar und unempfindlich sind. Das kann ich nicht ganz bestätigen. Ich selbst beurteile die Härte eines Hundes daran, wie schnell er unangenehme Einwirkungen oder Erlebnisse wie zum Beispiel Schmerz, Erschrecken oder Disziplinierungen durch den Hundehalter wieder vergisst. Intelligenz, Wesensfestigkeit und Härte sind unter anderem die wichtigsten Merkmale eines guten Leistungshundes. Wenn in diesem Buch von Härte oder hartem Hund geschrieben wird, ist stets meine Definition gemeint.

56. Wesen – Hundepersönlichkeit: Was will man mit dem Begriff »Wesen« ausdrücken?

So wie jeder Mensch einen anderen Charakter hat, so zeigt jeder Hund ein anderes Wesen. Die Qualität

---

INFO

Was ist »Wesen«?
Nach Weidt (1980) ist »das Wesen des Hundes die Gesamtheit seiner angeborenen und erworbenen Verhaltensweisen sowie seiner augenblicklichen inneren Zustände, mit welchen er auf seine Umwelt reagiert.« Als angeborenes Wesen bezeichnet man die meist auch rassebedingten ererbten Verhaltensmuster. Man geht davon aus, dass diese bis zu 30 Prozent ausmachen. Die erworbenen Wesensmerkmale (70 Prozent) sind das Ergebnis der Erziehung des Hundes im ersten Jahr.

seines Wesens hängt aber davon ab, was der jeweilige Hund in seinen Genen mitbringt und was er während der Früherziehung (→ Seite 88) von seiner Umwelt gelernt oder nicht gelernt hat.

Zum »Wesen« des Hundes gehören

➤ die Intensität der Bindung an seine Menschen

➤ sein Verhalten fremden Menschen und Hunden gegenüber

➤ seine etwaige Neigung zur Dominanz

➤ seine Unterordnungsbereitschaft

➤ seine Nervenstärke

➤ sein Temperament

➤ seine Härte (→ Seite 57)

➤ seine Lernwilligkeit

➤ seine Motivierbarkeit.

Alle diese Merkmale formen und festigen sich aber erst im Lauf der Individualentwicklung, größtenteils im ersten Lebensjahr des Welpen, je nach Förderung durch seinen Erzieher. Sein späteres positives oder negatives Verhalten bezeichnet man als gutes oder schlechtes Wesen.

57. Wesensbildung: **Welche Voraussetzungen garantieren einen brauchbaren Hund mit gutem Wesen?**

Unter »brauchbar« versteht man einen Hund mit gutem Wesen, den man überall mit hinnehmen kann und der dadurch nicht negativ auffällt.

Eine hundertprozentige Garantie für einen Hund mit gutem Wesen kann es nicht geben, weil die Wesensbildung des Hundes von vielerlei Faktoren abhängig ist. Zum Großteil ist an der Wesensbildung auch der Besitzer mit seiner jeweils unterschiedlichen Qualität der Erziehung im ersten Lebensjahr beteiligt.

Die Grundlage für gutes angeborenes Wesen ist die Qualität der Elterntiere und sogar das Wesen von deren Vorfahren. Daher ist die gewissenhafte Zuchtauswahl durch einen verantwortungsvollen Züchter so wichtig. Wenn der mit guten Wesensgrundlagen gezüchtete Welpe dann auch artgerecht erzogen und ausreichend sozialisiert wird, bringt er die besten Voraussetzungen für sein späteres gutes Wesen mit. In der Phase seiner Förderung während der Früherziehung (innerhalb seines ersten Lebensjahres) müssen die angeborenen guten Wesenseigenschaften des Hundes gefördert und die negativen gehemmt werden. Gefördert werden müssen unter anderem Lernwilligkeit, Motivierbarkeit, Unterordnungsbereitschaft, Vertrauen und Bindung zum Menschen. Temperament und Härte (→ Seite 57) des Hundes sollten auf ein normales Maß geformt, seine Neigung zur Dominanz reguliert werden. Alles zusammen garantiert, dass sich ein brauchbarer Hund mit gutem Wesen entwickelt.

1 *Unausgelastet: Weil ihm langweilig war, hat der Hund im Garten gegraben. Beschäftigen Sie sich mehr mit ihm.*

2 *Unterordnungsbereit: Ruhig, ausgeglichen, aber an der Umwelt interessiert, so kann der Hund überallhin mitgehen.*

3 *Dominant: Beide Hunde zeigen Überlegenheit, doch der linke ist nicht mehr so sicher, sichtbar an der sinkenden Rute.*

RASSESPEZIFISCHE BESONDERHEITEN

Der Schlaf- und Ruheplatz ist für Ihren Hund sehr wichtig. Dort kann er gemütlich schlummern oder ungestört einen Kauknochen bearbeiten. Im Zoofachhandel wird eine reichli-

NORDISCHE HUNDE
Es sind durchwegs selbstbewusste, freiheitsliebende und neugierige Hunde, die nach Unabhängigkeit streben und nur mit viel Zeit und Konsequenz erzogen werden können. Sie erkennen keinen Chef an, der »Herrscher« sein will.

HÜTEHUNDE (SCHÄFERHUNDE)
Hütehunde zeichnen sich durch mittleres Temperament, hohe Intelligenz, ausgeprägte Unterordnungsbereitschaft und leichte Erziehbarkeit aus. Außerdem können sie auch sensibel sein.

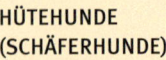

LAGERHUNDE
Sie liegen überwiegend an strategisch wichtigen Punkten ihres Reviers und beobachten, beurteilen die Lage, bewachen und haben alles im Griff. Sie verlangen konsequente Erziehung. Innerhalb der Familie sind sie sanftmütig.

che Auswahl verschiedener Hundebetten angeboten. Welches Modell sich eignet, ist letztendlich Geschmackssache. Achten Sie beim Kauf darauf, dass es sich leicht reinigen lässt.

JAGDHUNDE

Jeder Rasse-Jagdhund ist spezialisiert für eine bestimmte Art der Jagd. Eines haben sie aber alle gemeinsam: den vom Wolf geerbten und durch die Zucht verstärkten Jagdtrieb. In der Regel sind sie untereinander verträglich.

WINDHUNDE

Sie sind Spezialisten der Jagd. Im Gegensatz zu den anderen Jagdhunden jagen sie selbstständig mit den Augen, nicht mit der Nase. Erst wenn sie ihre Beute sehen, jagen sie, ohne zu bellen, mit 50 bis 60 km/h hinterher.

PINSCHER, SCHNAUZER UND TERRIER

Alle Pinscher, Schnauzer und Terrier sind kleine bis mittelgroße temperamentvolle, bellfreudige, mutige Wächter, die konsequente Erziehung brauchen. Es sind eigenwillige, aber liebenswerte Begleithunde.

58. Wolferbe: Was ist vom wölfischen Erbe geblieben?

➤ Sowohl Wölfe als auch Hunde nutzen den Geruch als Informationsquelle. Hunde schnuppern gern und ausgiebig, sobald sie außerhalb ihres Wohnbereichs geführt werden. Anhand der Geruchspuren erkennen Rüden frühzeitig die Läufigkeit einer Nachbarshündin oder die Markierung eines fremden Konkurrenten, die sie sofort übermarkieren müssen, um ihren Revieranspruch damit zu dokumentieren. Wildspuren wecken die Hoffnung auf ein eventuelles Jagdvergnügen, und sie reizen zur Verfolgung. Manchmal belecken Rüden die Urinmarken von Hündinnen.

➤ Fast alle Hunde fressen bisweilen in unseren Augen unappetitliche Dinge, weil sie von Natur aus Aasfresser sind und instinktiv jede nur denkbare Nahrungsquelle testen müssen. Oder sie wälzen sich darin, um sich »zu parfümieren«, das heißt, um sich geruchlich zu tarnen.

➤ Als Beutegreifer muss der Wolf seine Opfer ausmachen können, bevor diese ihn sehen und fliehen. Hunde haben dies beibehalten. Mit ihrem guten Gesichtssinn (→ Seite 47) sehen sie sogar sehr weit entfernte Hunde oder jagdbares Wild bedeutend früher als der Mensch. Das kann beim Freilauf oft zu Problemen führen, vor allem wenn der Hund nicht angeleint ist und dann nicht mehr auf Ihre Rufe reagiert.

INFO

Autorität (Laotse)
Laotse kannte zu seiner Zeit den Begriff »Autorität« noch nicht. Seine Umschreibung des Begriffes »Macht« könnte uns aber helfen, unsere Autorität bei der artgerechten Einordnung und Erziehung des Hundes richtig einzusetzen: »Wachsen lassen, nicht besitzen! Beschützen, nicht beherrschen! Führen, nicht ausnützen: das ist das Geheimnis der wahren Macht.«

59. Zusammenleben – Autorität: Wie entsteht die harmonische Einordnung in den Familienverband?

Grundvoraussetzung für ein Leben im Familienverband ist, dass der Hund als Rudeltier Hierarchien anerkennt. Dann ordnet er sich auch problemlos dem Menschen unter, wenn er schon in frühester Jugend durch ausreichende Sozialisierung und artgerechte Erziehung gelernt hat, die Autorität des Menschen zu respektieren. Allerdings muss der Mensch seine Autorität stets unter Beweis stellen, indem er klar verständlich und konsequent handelt (→ Seite 127).

> *Nordische Hunde sind nicht nur im Gesicht dem Wolf noch am nächsten. Sie könnten auch in der Wildnis noch überleben.*

Unser Ziel darf aber nie die unterdrückende Unterordnung sein, sondern die harmonische Einordnung in den Familienverband.

60. Zusammenleben – Einordnung: In einem Buch von Ekard Lind habe ich den Begriff »Einordnung« gelesen. Was ist der Unterschied zur »Unterordnung«?

Früher meinte man mit »Unterordnung« des Hundes, dass dieser einfach zu parieren hat. Das wurde ihm bei der Erziehung beigebracht, ohne ihm seine von der Natur bestimmten Rechte (→ Seite 65) zuzubilligen, manchmal sogar mit Starkzwangmethoden (→ Seite 23, 24). Das heißt, der Hund musste sich also nur unterordnend anpassen, während der Mensch über allem stand.

*Und wenn die Fell-
pflege dem Hund noch
so unangenehm ist,
er muss sie sich
gefallen lassen.*

Der Mensch dressierte den Hund bis zum »Kadavergehorsam«, dagegen wollen wir heute den Hund dazu erziehen, dass er sich als Partner freiwillig einordnet. Bei der »Einordnung« nach Lind geht der Mensch bei der Erziehung auf die Besonderheiten des jeweiligen Hundes ein, und der Hund ordnet sich freiwillig und harmonisch auf den richtigen Rangordnungsplatz innerhalb seiner Familie ein.

61. **Zusammenleben – Unterordnung: Welches sind die Grundlagen für das gemeinsame Leben von Mensch und Hund?**

Als Rudeltier ist der Hund geeignet, in einer sozialen Gruppe zu leben, die von dem ranghöchsten Artgenossen angeführt wird. Durch das enge Zusammenleben mit dem Menschen hat der Hund inzwischen gelernt, auch den Menschen als ranghöheren Partner anzuerkennen und sich ihm unterzuordnen, wenn das Verhalten des Menschen vom Hund respektiert wird und ihn als sogenannten Überhund qualifiziert. Der Hund ist vom Menschen abhängig und wäre auch in der Natur als Einzeltier nicht lebensfähig.
Die sogenannte Unterordnung beinhaltet alle Regeln und Grundsätze des Zusammenlebens. Früher war durch die Grundaufgaben der Erziehung und der Ausbildung geregelt, was der Mensch vom Hund erwartete. Heute wird vom Erzieher und Ausbilder ausreichendes Wissen verlangt, welche Ansprüche des Hundes auf dem Weg zur Unterordnung erfüllt werden müssen. Auf keinen Fall ist die »Unterord-

nung« des Hundes als »Unterwerfung« (→ unten) zu verstehen. Durch artgerechte Früherziehung lernt der Hund nämlich sehr schnell, wo sein Platz in der Familie ist. Daher gefällt mir der von Ekard Lind benutzte Begriff »Einordnung« besser als »Unterordnung« (→ Seite 63).

62. Zusammenleben – Unterwerfung: Worin unterscheidet sich die Unterwerfung von der Unterordnung?

Bei der gewaltsamen Ausbildung früherer Zeiten wurden die Hunde durch Zufügen von Schmerz ins Meideverhalten (→ Seite 250) gezwungen. Dagegen wehrten sich die Hunde bisweilen, was als mangelnde Unterordnungsbereitschaft gewertet wurde. Daraufhin wurden sie so lange mit Starkzwang verschiedenster Form »behandelt«, bis sie ihren Widerstand aufgaben und sich »unterwarfen«. Dies zeigten sie körpersprachlich mit der »passiven Unterwerfung« an, das heißt, sie legen sich auf den Rücken, klemmen den Schwanz bis zum Bauch ein und schauen weg. Dagegen führt der Hund bei der aktiven Unterordnung oder »Einordnung« nach Lind freudig den Befehl aus und ist motiviert an weiteren Aufgaben interessiert.

INFO

Die Rechte des Hundes
➤ Recht auf Leben
➤ Sorge für sein Wohlbefinden (artgerechte Ernährung, Pflege und Haltung)
➤ Recht auf die arteigene Entwicklung seines natürlichen Verhaltens
➤ Beachtung seiner Würde
➤ Recht auf soziale Partnerschaft (Leben in der Familie)
➤ Recht auf stressfreie Erziehung und Ausbildung

Früherziehung – das erste Lebensjahr

Die wichtigste Zeit im Leben eines Hundes ist sein erstes Lebensjahr. Absolute Kontrolle während dieser Zeit bildet den Grundstock seiner artgerechten Erziehung und seines späteren Wesens.

63. Abgewöhnen – Hochspringen: Wie gewöhne ich meinem Welpen allmählich ab, dass er an mir und an anderen hochspringt?

Das Hochspringen des Welpen entspricht dem angeborenen Verhalten des Futterbettelns. Die Welpen der Wölfe versuchen den sogenannten »Mundwinkelstoß« auszuführen, das heißt, sie stupsen mit ihrer Schnauze in die seitlichen Lefzen des Altwolfs. Dadurch lösen sie aus, dass dieser Futter hervorwürgt.

Der Hund wendet den Mundwinkelstoß zur Begrüßung an. Um ihm dies abzugewöhnen, beugen Sie sich, noch bevor der Welpe springt, zu ihm hinunter und versuchen ihn in die Sitzposition zu bringen und ihn in dieser zu begrüßen. Die andere Möglichkeit ist, sich gleichzeitig mit seinem Sprung abrupt abzudrehen und ihn nicht zu beachten.

Übrigens: Menschen, die überschwänglich mit hoher Stimme einen Welpen begrüßen, dürfen sich nicht wundern, wenn sie der Kleine begeistert anspringt.

64. Angst – Formen: Welche Ängste kann ein Hund zeigen?

Unbekanntes löst Angst und Fluchtverhalten aus, beide sind normale Gefühlsregungen, die auch der Wolf zeigt. Die Angst vor Unbekanntem ist also natürlich und wird von wesensstarken Hunden schnell überwunden. Werden Hunde allerdings in ihrer frühesten Jugend nicht ausreichend sozialisiert oder werden sie isoliert gehalten, können sie starke Ängste vor allem, was ihnen unbekannt ist, entwickeln. Häufigste Auslöser für diese Form der Angst sind Objekte, die sich unerwartet oder geräuschvoll bewegen (beispielsweise umfallende oder herabfallende Gegenstände, zufallende Türen oder Fenster), die sich schnell bewegen, wie Skateboards, die ungewöhnlich gefärbt, sehr groß oder laut sind, wie Kinderwagen, grellbunte Tonnen, Gewitter oder Feuerwerk.

Trennungsangst ist eine weitere Form der Angst, die ein Hund zeigen kann. Sie ist typisch für alle Soziallebewesen. Dabei kann der Hund nicht allein bleiben. Angst wird oft als Schüchternheit interpretiert. Dies ist in Wirklichkeit eine angeborene Wesensschwäche, die auch durch Therapie kaum beseitigt werden kann.

65. Angst – Reaktion des Halters: Mein Welpe hat vor allem Angst, das ihm unbekannt ist. Wie gehe ich am besten damit um?

Die Angst vor Unbekanntem zu überwinden ist dem Hund nur möglich, wenn er in dem Gefühl der Geborgenheit aufwächst und wenn das absolute Vertrauen zu seinem Erzieher während der Ausbildung und im täglichen Umgang nicht gestört ist. Der natürlichen Angst steht die angeborene Neugier gegenüber, die sich allmählich in ein gesundes Misstrauen einpendeln soll. Im Moment der Angst dürfen Sie den Welpen auf keinen Fall beruhigen oder trösten. Da ihm das Verständnis für die Worte fehlt, meint er, dass er für sein Angstverhalten belohnt wird. Seine Angst wird dadurch verstärkt. Ignorieren Sie also zunächst die Angst des Welpen, und führen Sie ihn angeleint ruhig weg, als wäre nichts passiert. Dann können Sie sich einen Therapieplan überlegen und danach handeln. Im Umgang mit der

INFO

Fehlverhalten aus Angst
Manche Hunde urinieren bei allen Gelegenheiten, bei denen sie Angst empfinden, zum Beispiel wenn mit ihnen geschimpft wird oder wenn sie sich vor etwas erschrecken. Wenn Sie nun nicht erkennen, dass dieses Fehlverhalten eine Folge der Angst des Welpen ist und Sie ihn deswegen bestrafen, verstärkt sich seine Angst noch weiter.

Angst ist es auch wichtig, in welcher Stimmung der Hundehalter ist, da sie sich auf den Welpen überträgt. Ein Mensch, der ängstlich auf Unbekanntes reagiert, wird kaum einen angstfrei reagierenden Hund an der Leine haben. Zeigt dieser Welpe dann Aggressionen, so handelt es sich sicher um angstmotiviertes Verhalten, das sich über Aggression entlädt (sogenannter Angstbeißer).

66. **Angst – Tierarzt:** **Wie kann ich verhindern, dass mein Welpe Zita Angst vor dem Tierarzt aufbaut?**

Die Angst vor dem Tierarzt wird meist durch ein negatives, schmerzendes Erlebnis in der Prägungsphase ausgelöst, etwa durch Stechen mit der Nadel beim Impfen. Das muss nicht sein, wenn Ihre Zita die ersten Besuche beim Tierarzt wirklich nur als Besucher erlebt. Freundliche Menschen und keine Spritze, dafür Leckerchen – dies behält jeder Welpe positiv in Erinnerung. Und Ihr Tierarzt ist sicher auch einverstanden mit solchen »Besuchen«. Ihm ist nämlich ein Hund ohne Angst bei der Behandlung auch lieber.

67. **Angst – Unbekanntes Gebiet:** **Warum will mein acht Wochen alter Welpe immer wieder gleich ins Haus zurück, wenn wir zu einem Spaziergang aufbrechen?**

Wahrscheinlich war er vorher in der Wohnung und im Garten noch nicht angstfrei. Junge Wölfe erkunden auch ganz vorsichtig beim ersten Verlassen des Wurflagers nur die allernächste Umgebung und verstecken sich sofort wieder, wenn sie Angst bekommen. Ich rate Ihnen deshalb, dass Sie Ihrem Welpen noch einige Tage Zeit geben und sein Verhalten erst angstfrei innerhalb der Wohnung festigen. Dann motivieren Sie ihn mit Futter oder Spiel, auch die fremden

SCHMERZVOLLE AUSBILDUNGSHILFEN

NAME	SO WIRKEN SIE
Würgehals-bänder	Es besteht aus Kettengliedern aus Metall. Wenn der Hund an der Leine zieht, kommt es zu einem Würgevorgang, da die Kettenglieder das Körpergewebe am Hals zusammenziehen. Durch den entstehenden Schmerz wird dem Hund permanent das Gefühl des Zwangs vermittelt. Der Hund konzentriert sich durch Anspannen seiner Halsmuskeln nur darauf, die Schmerzen abzuwehren. In dieser Phase kann er natürlich nichts lernen. Würgehalsbänder werden von Gewalt anwendenden Ausbildern oft als Ausbildungshalsband bezeichnet. Ich lehne sie als Tierquälerei ab. Das gilt genauso für Würger aus Stoff oder Leder, die direkt hinter den Ohren an den empfindlichsten Akupunkturpunkten des Hundes eingesetzt werden.
Elektro-schock-Halsbänder	Das Halsband ist mit einem Empfänger versehen. Wenn es umgelegt ist, kann man ferngesteuert über den Hautkontakt einen Elektroschock auf den Hund übertragen. Eingesetzt wird es zum Beispiel, um dem Hund das Bellen abzugewöhnen oder auch beim Training von »Sporthunden«. Als Tierquälerei lehne ich den Einsatz ab. Die einzige Ausnahme, dieses Gerät einzusetzen, mache ich bei Hunden, die extrem wildern oder andere Tiere reißen und denen dieses Verhalten mit humanen Erziehungsmethoden nicht abgewöhnt werden kann. Ansonsten müsste ein solcher Hund in Einzelhaft gehalten oder getötet werden. Die Anwendung eines Elektroschock-Halsbandes muss einem Fachmann mit Erfahrung vorbehalten sein.
Anti-Bell-Halsbänder	Geräte, die beim ersten Belllaut des Hundes einen Stromschlag auslösen, lehne ich ebenfalls als Tierquälerei ab. Hunde, die grundlos bellen, sind meist vereinsamt oder unterfordert. Wenn sie dann noch mit Stromschlägen verängstigt werden, entstehen oft schwere psychische Schäden.

Außenbereiche zu erkunden. Ein befreundeter Hund ohne Angst könnte bei den Übungen als Vorbild nützlich sein. Sie selbst müssen dabei sehr selbstbewusst und angstfrei auftreten …

Allerdings gibt es leider Welpen, die eine ganze Menge Angst von ihren Eltern geerbt haben. Sie werden trotz längerer Therapien relativ ängstlich bleiben.

68. Ausbildungshilfen: Was versteht man unter Ausbildungs- oder Erziehungshilfen?

Das sind Geräte/Instrumente, die man einsetzt, wenn bei Problemen, etwa dominantem Verhalten des Hundes seinem Besitzer gegenüber, herkömmliche Ausbildungsmethoden (→ Seite 229) erfolglos sind. Die richtige Anwendung dieser Hilfsmittel muss unbedingt von einem guten Trainer gelernt werden, um erfolgreich zu sein. Empfehlenswerte Hilfen sind lange Leine oder Schleppleine (→ Seite 77), »Halti« (→ Seite 75) oder andere Kopfhalfter-Systeme, Disc-Scheiben (→ Seite 75) oder Klapperdose sowie Maulkorb (→ Seite 75). Die in der Tabelle Seite 71 aufgeführten sogenannten Ausbildungshilfen lehne ich ab, weil sie dem Hund Schmerzen zufügen.

69. Ausstattung: An welche Ausrüstungsgegenstände muss sich der Welpe gewöhnen?

Um den Hund während der Ausbildung oder in der Öffentlichkeit sicher kontrollieren zu können, sind einige klassische Ausrüstungsgegenstände notwendig, die sogenannte Grundausstattung (→ auch Seite 74). Daran müssen Sie den Welpen so schnell wie möglich nach der Übernahme vom Züchter gewöhnen. Das Halsband ist seit jeher die sicherste Art, um den Hund in Verbindung mit einer Führleine abzusichern. Außerdem gehören zur Grundausstattung ein Brustgeschirr und die lange Leine.

70. **Ausstattung – Brust-geschirr:** Wofür braucht man ein Brustgeschirr?

Ein Brustgeschirr (→ Seite 74) rate ich bei Zwerghunden, Hunden mit kurzen und dicken Hälsen oder Hunden mit gesundheitlichen Halsproblemen einzu-setzen, weil es den Hals bei längerem Tragen eher schont als ein Halsband. Während der Erziehungs- oder Ausbildungszeit ziehe

Selbstbewusst schaut der Welpe in die Welt. Als nächste Erziehungs-schritte folgen Prägung und Früherziehung.

ich jedoch ein geschmeidiges, wie auf Seite 74 be-schriebenes Halsband vor, denn Signale über die Lei-ne nimmt der Hund über das Halsband klarer auf als über das Brustgeschirr.

71. **Ausstattung – Führleine:** Wieso brauche ich für meinen Welpen eine längere Leine als spä-ter für den erwachsenen Hund?

Führleinen dienen dazu, den Hund während der Erziehung in den verschiedensten Lebensbereichen sicher zu kontrollieren. Für den Welpen eignet sich die drei Meter lange, leichte Welpenleine am besten, denn damit geben Sie ihm mehr Bewegungsspiel-raum, ohne dass er gleich in das Ende der Leine prellt. Diese Welpen-Führleine ersetzen Sie langsam durch eine etwa zwei Meter lange, auf einen Meter verkürz-bare »Doppel-Leine«, wenn Sie sich mit dem heran-wachsenden Hund in mehr oder weniger belebten Verkehrsbereichen bewegen, weil Sie ihn so besser unter Kontrolle haben.

GRUNDAUSSTATTUNG

Alle Materialien der Grundausstattung für die Erziehung sollten von guter Qualität und guter Verarbeitung sein. Sie sollten in der Größe dem Hund gut angepasst werden können.

HALSBAND
Als Halsband eignet sich sehr gut das traditio-
nelle, flache Band aus Leder oder, weil pflege-
leichter und robuster, aus gewebtem Nylon. Es
sollte leicht in der Größe verstellbar sein.

BRUSTGESCHIRR
Das Brustgeschirr muss so konstruiert sein,
dass es die Last von dem Punkt, an dem die
Leine befestigt wird, über die Schultern und
auf die Unterseite des Brustkorbs verteilt.

WELPEN-FÜHRLEINE
Sie sollte leicht, aber der Größe des jungen
Hundes angemessen stabil sein. Leinen aus
Nylon oder Leder haben sich bewährt. Sie soll-
te unbedingt länger als zwei Meter sein.

FÜHR- ODER AUSBILDUNGSLEINE
Die normale Ausbildungs- oder Führleine beim
Gassigehen für den erwachsenen Hund ist
eine sogenannte verstellbare Doppelleine, die
zwischen 1 und 2,20 Meter lang ist.

LANGE LEINE ODER FELDLEINE
Für die Absicherung des Hundes im Gelände
dient je nach Größe des Hundes eine fünf bis
zehn Meter lange Feldleine. Ich verwende als
lange Leinen einfache blaue Nylonschnüre.

ZEITWEISE NOTWENDIGE AUSSTATTUNG

Vor der Anwendung des Kopfhalfters, der Klapperdose, Disc-Scheiben und des Maulkorbs brauchen Sie unbedingt die richtige Anleitung durch einen guten Trainer.

HUNDEPFEIFE
Damit ist es möglich, dem Hund auch über eine größere Reichweite hinweg Hörzeichen zu geben. Die Zwei-Ton-Hundepfeife sollte aus stabilem Material bestehen.

KOPFHALFTER
Das Kopfhalfter, zum Beispiel das Halti, dient als Führhilfe für körperlich schwache oder unsichere Hundeführer, denn dadurch erreichen sie leichter Kontrolle über ihren Hund.

AUSZIEHLEINEN
Sie rollen sich immer wieder innerhalb eines Behälters auf, geben aber auf Knopfdruck dem Hund auch wieder mehr Leine. Sie eignen sich höchstens für kleine bis mittelgroße Hunde.

KLAPPERDOSE UND/ODER DISC-SCHEIBEN
Beide Hilfsmittel geben beim Aufprall auf dem Fußboden ein klapperndes Geräusch von sich. Mit dem Schreckgeräusch kann man unerwünschtes Verhalten des Hundes abbrechen.

MAULKORB
Er soll den Hund am Beißen hindern. Muss ihn der Hund längere Zeit tragen, darf der Maulkorb dessen Temperaturausgleich über den Fang nicht behindern.

72. Ausstattung – Halsband: Wie gewöhne ich den Hund an das Halsband?

Das Halsband ist nötig, damit Sie daran eine Führleine befestigen können, mit der Sie den Hund absichern und ihm sanfte Signale übermitteln können. Ein guter Züchter wird den Welpen schon vor der Abgabe an das Halsband gewöhnt haben. In der Regel kommt der kleine Hund damit aber erst beim neuen Besitzer in Kontakt, was ihn jedoch nicht lange beeindruckt. Wenn Sie dem Welpen das Halsband zum ersten Mal umlegen, kombinieren Sie dies am besten mit dem Reichen einer Hauptmahlzeit. Dadurch erfährt der Welpe das Halsband als etwas Positives. Während er schläft, wird es abgenommen. Nach dem Erwachen legen Sie es ihm wieder an, geben ihm aber gleichzeitig eine kleine Belohnung. Dann beschäftigen Sie den jungen Hund spielerisch, um ihn abzulenken. Dehnen Sie die Dauer der Tragezeiten des Halsbandes allmählich immer mehr aus.
Auch wenn der Hund angeleint geführt oder an einem festen Ort abgelegt werden muss, hat er Anspruch auf Schmerzfreiheit.

73. Ausstattung – Halsband und Leine: Wann wird das Halsband mit der Leine kombiniert?

Fast gleichzeitig mit dem ersten Anlegen des Halsbandes befestigen Sie eine dünne, aber stabile Schnur am Halsband, die so lang ist, dass sie gerade gut den Boden berührt, und mit der der Welpe nirgends hängen bleiben kann. So ausgerüstet, bewegt sich der Welpe die ersten Tage bei allen seinen Aktivitäten im Haus und auch bei den ersten gemeinsamen Ausflügen. Erst wenn er vollkommen unbefangen damit umgeht, befestigen Sie außerhalb des Hauses aus Sicherheitsgründen zusätzlich immer die drei Meter lange Welpenleine am Halsband. Innerhalb des Hauses trägt der kleine Hund weiterhin die dünne Schnur, damit Sie ihn jederzeit korrigieren können. Das Halsband, die Schnur und später die Leine sind wie eine Nabelschnur oder Telefonleitung zu Ihrem Hund.

74. Ausstattung – Lange Leine (Feldleine): Wofür braucht man die Feldleine bei der Erziehung?

Für alle Junghunde im ersten Lebensjahr, mit denen Erziehungsübungen durchgeführt werden, ist die 10 oder sogar 20 Meter lange Feldleine für das freie Gelände unverzichtbar. Sie gewährt dem jungen, noch unerzogenen Hund im freien Feld ausreichend Bewegungsspielraum, um ihn an der lockeren Leine abgesichert beschäftigen zu können und ihm Gehorsam beizubringen. Er hält dadurch aber den Einwirkungsbereich (→ Seite 125) ein. Im Bereich dieser Absicherung muss er all die Dinge lernen, die später beim Freilauf funktionieren müssen, wie zum Beispiel Kommen auf Ruf, Bindung an seinen Menschen oder dass Wildern als unerwünschtes Verhalten gilt. Erst wenn Ihr Kleiner alle Befehle sicher auch auf Entfernung an lockerer Leine befolgt, können Sie die Leine aus der Hand lassen. Sie wird aber noch geraume Zeit als Schleppleine (→ Seite 132) benutzt. So ist der Hund immer noch der Meinung, dass er angeleint ist.

75. Autorität – Definition: Was bedeutet Autorität für den Hund?

»Autorität« ist lateinischen Ursprungs und bedeutet Ansehen oder maßgebender Einfluss. Im Gegensatz zur reinen Macht wird Autorität von allen Beteiligten einer sozialen Gemeinschaft anerkannt, da sie in der Leistung oder Persönlichkeit der betreffenden Person liegt. Nur wenn der Hund seinen Menschen als Autorität anerkennt, baut er eine soziale Bindung zu ihm auf und ordnet sich ihm unter.

76. Autorität – Gründe: Immer wieder lese ich, dass ich als Hundehalter Autorität besitzen sollte. Warum ist das denn so wichtig?

Wenn Ihr Hund Sie als Autorität anerkennt, dann ist es für Sie ein Leichtes zu agieren, das heißt zu bestimmen, was Ihr Hund tun oder lassen soll. Ihr Hund reagiert dann freudig auf die »Anregungen« seines »Vorbilds«.

In gestörten Mensch-Hund-Beziehungen ist es aber leider gerade umgekehrt. Das bedeutet, dass solche Hundehalter unerzogene oder verzogene Hunde besitzen, auf deren meist unerwünschte Aktionen sie fortwährend, noch dazu in der Regel erfolglos reagieren müssen, statt selbst zu agieren. Diese Halter haben es meistens nicht geschafft, vom Hund als Autorität anerkannt zu werden.

77. Autorität zeigen: Welche Eigenschaften muss ich haben, damit mich mein Welpe als Autorität anerkennt?

Der Welpe, später der erwachsene Hund erkennt Ihre Autorität freudig an, wenn Sie aus seiner Sicht vorbildlich und verlässlich agieren. Dazu gehört ausreichendes Wissen über seine artgerechten Bedürfnisse und sein spezielles Hundeverhalten. Sie müssen für ihn klar verständlich und konsequent handeln.

78. Eingewöhnung – Ankunft: Was soll der Welpe schon bei der Ankunft lernen?

Sobald Sie daheim angekommen sind, bringen Sie den Welpen angeleint gleich zu dem Platz, an dem er auch in Zukunft sein Geschäft verrichten soll. Dort findet er später seinen Geruch wieder und wird daher den Platz gern annehmen. Im sicheren Garten darf er auch ohne Leine unter Ihrer Aufsicht das Gelände erkunden, wobei Sie immer nahe bei ihm bleiben sollten. Hier bekommt er auch zu trinken, und er wird sich später nochmals lösen. Außerhalb des Wohnbereichs bleibt der Welpe aus Sicherheitsgründen stets an der Welpenleine. Dann betreten Sie mit ihm auf dem Arm die Wohnung, setzen ihn auf den Boden und lassen ihn erst alles erkunden. Er wird bald je nach Länge der Fahrt Ermüdungserscheinungen zeigen, indem er sich hinlegt. Legen Sie ihn auf seine Decke, die er von der Autofahrt her schon kennt, oder mit der Decke in das für ihn vorbereitete Körbchen und lassen Sie ihn in Ruhe. Sofort nach dem Erwachen tragen Sie ihn aber schnell zu dem Platz im Freien, wo er sich nach der Autofahrt gelöst hat.

79. Eingewöhnung – Die ersten Tage: Ich hole nächste Woche meinen Welpen ab. Wie müssen die ersten Tage ablaufen?

EXTRATIPP

Allein bleiben in der Eingewöhnungszeit
In der Eingewöhnungsphase sollten Sie den Welpen noch nicht allein lassen, denn der Kleine muss bereits die Trennung von seiner Mutter und den Geschwistern verkraften. Zudem muss er sich an seine neuen Menschen gewöhnen. Erst wenn er das alles verkraftet hat, können Sie langsam damit beginnen, das Alleinbleiben zu trainieren.

Geben Sie dem neuen Familienmitglied während der nächsten zwei bis drei Tage Zeit, sich einzugewöhnen. Dazu braucht er vor allem Ruhe. Haben Sie Kinder, bitten Sie diese, sich in ihrer verständlichen Begeisterung zu zügeln, sich nicht aufzudrängen und ihn selbst kommen zu lassen. Verwandte und Bekannte sollten Sie auf später vertrösten, denn der Welpe soll erst einmal seine eigenen Leute kennenlernen und sich auf diese einstellen. Alle Räume der Wohnung muss er erkunden und geruchlich einordnen. Außerdem muss er lernen, wo er sein Futter und Wasser findet, wo er schlafen darf und wie das Tagesprogramm im neuen Rudel abläuft. Es ist wichtig, darauf hinzuweisen, dass der Welpe ähnlich einem menschlichen Baby noch sehr viel Schlaf benötigt. Wird er daran gehindert, etwa durch Kinder, die ihn immer wieder zum Spielen motivieren, kann dies zu nervösen Verhaltensstörungen des Welpen führen.

80. **Eingewöhnung – Erste Nacht:** Was muss ich in der ersten Nacht meines Welpen im neuen Zuhause beachten?

Nach meiner Meinung sind die ersten drei Nächte mit ausschlaggebend dafür, wie gut die künftige Bindung des Welpen an sein Frauchen oder Herrchen ist, denn durch den engen Kontakt in den ersten Tagen und Nächten entsteht schnell eine gute Bindung. Deshalb übernachtet der Welpe die ersten drei Nächte zusammen mit mir im gleichen Raum. Er schläft in einem

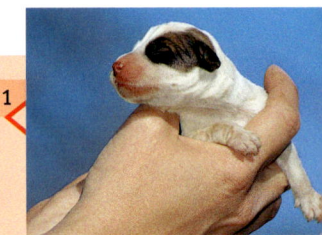

Im Alter von sechs Tagen sind Welpen noch blind und taub. Dennoch finden sie über den Geruch die Milchquelle der Mutter.

1

Beim drei Wochen alten Welpen sind bereits die Sinne erwacht. Die Hündin beginnt nun, ihnen Futter vorzuwürgen.

2

Korb (kann auch eine entsprechende Schachtel sein), der gerade so groß ist, dass sich der Kleine bequem ausstrecken kann. Die Wände müssen so hoch sein, dass er trotz Anstrengung nicht herausklettern kann. Der Korb steht so nahe an meinem Bett, dass ich den Welpen mit der Hand berühren kann, wenn es notwendig ist, etwa weil er jammert. Wenn der Welpe sein Geschäft verrichten muss, wird er es auf seinem Schlafplatz nicht tun. Er wird also versuchen herauszuklettern, und dabei macht er Lärm. Dadurch wache ich auf und kann den Welpen flott ins Freie bringen, damit er sich erleichtern kann. Dabei sollten Sie ihn kräftig loben. So lernt der Welpe sehr schnell die Stubenreinheit. Außerdem leidet er durch die Nähe zu seinem Menschen nicht unter Vereinsamung.

81. Eingewöhnung – Erstes Futter: Was muss ich im Zusammenhang mit dem ersten Futter bei meinem Welpen beachten?

Ihr Welpe hat nach all der Aufregung sein erstes Nickerchen in der neuen Umgebung gehalten. Sobald er daraus aufwacht und sich an »seinem« Platz gelöst hat, wobei er dafür freudig gelobt wird, bekommt er seine erste Mahlzeit. Sie sollte aus dem gleichen Futter bestehen, welches er vom Züchter gewohnt war, um seinen Magen-Darm-Trakt nicht unnötig mit einer Futterumstellung zu stressen. Den Platz, an dem er ab jetzt immer gefüttert wird, sollten Sie so wählen, dass der Kleine dort die nötige Ruhe beim Fressen hat. Sobald er sich von der Futterschüssel abwendet, nehmen Sie diese mit den eventuellen Futterresten sofort weg. Dann bringen Sie den Zwerg unverzüglich wieder zu seinem Löseplatz und warten dort so lange geduldig, bis er sich gelöst hat. Spielen nach der Nahrungsaufnahme sollten Sie unbedingt unterlassen, um eine Magendrehung zu vermeiden. Wahrscheinlich wird er nach dem Essen und seinem »Geschäft« sowieso wieder schlafen wollen.

82. Eingewöhnung – Fremdeln: Was versteht man unter Fremdeln?

Unter »Fremdeln« versteht man das abweisende, misstrauische, ja sogar ängstliche Verhalten fremden Menschen gegenüber. Meist fremdeln Welpen während der Eingewöhnungszeit, fast immer tritt es bei schlecht oder nicht sozialisierten Welpen auf. Fremdelt Ihr Welpe, dann sollten Sie ihm in dieser Phase häufige Kontakte mit fremden Menschen ersparen, sonst wird seine Ängstlichkeit noch gesteigert. Je nach Wesensveranlagung wird dieses ängstliche Verhalten mehr oder weniger langsam verschwinden, wenn Sie selbst Fremde als nichts Besonderes beachten, ihnen aber auch nicht offensichtlich aus dem Weg gehen.

83. Eingewöhnung – Namen positiv verknüpfen: Wir wollen unseren Welpen Arko nennen. Wie bringen wir ihm bei, dass er auf diesen Namen reagiert?

Er wird auf »Arko« sehr schnell reagieren, wenn Sie ihn mit diesem Namen immer ansprechen, während Sie positiven Kontakt mit dem Welpen aufnehmen, ihn also beispielsweise streicheln oder füttern. Nach

---

EXTRATIPP

Die Futtermenge richtig bemessen
Hat der Welpe bei seiner letzten Mahlzeit etwas vom Futter übrig gelassen, entfernen Sie die Schüssel sofort und entsorgen den Rest. Bei der nächsten Mahlzeit bekommt er genau die Menge weniger, die er nicht fraß. Zeigt der Welpe durch gieriges Ausschlecken der Schüssel, dass er mehr möchte, bekommt er erst bei der nächsten Fütterung, wenn es sein Gewicht zulässt, etwas mehr. Zwischen den Mahlzeiten findet der Hund nur frisches Wasser in seiner Schüssel.

wenigen Tagen wird er schon bei der Nennung seines Namens reagieren und schnell zu Ihnen kommen. Diesen Erfolg sollten Sie sofort mit einem Leckerbissen belohnen (= positiv verstärken).

Müssen Sie während dieser Lernphase den Hund durch einen strengen Zuruf von einem unerwünschten Verhalten abbringen, so dürfen Sie das drohende Wort nicht mit seinem Namen verbinden. Er würde ihn sonst negativ verknüpfen.

84. Eingewöhnung – Namensgebung: Wie kommt der Welpe zu seinem Namen?

Der Name muss schon feststehen, wenn Sie den Hund abholen. Rassehunde haben in der Regel bereits einen Namen, der in der Ahnentafel steht und mit einem bestimmten Buchstaben beginnen muss. Wenn Ihnen der Name nicht gefällt, geben Sie Ihrem Kleinen einfach einen anderen Rufnamen. Dieser sollte höchstens zweisilbig sein, denn dann lernt ihn der Welpe besser, und sich leicht aussprechen und rufen lassen. Auch darf der Welpe durch seinen Namen nicht zum Gespött der Leute werden. Denken Sie an die Würde Ihres Hundes. Außerdem sollte er zum Hund passen.

85. Eingewöhnung – Schlafen: Ich möchte nicht, dass mein Hund später im Schlafzimmer schläft. Wie gewöhne ich den Welpen daran, dass er außerhalb schlafen muss?

Anfangs ist es wichtig, dass der Welpe in Ihrer Nähe schläft (→ Seite 80). Sobald er Sie einige Nächte durchschlafen lässt, stellen Sie jede zweite Nacht seinen Korb etwas weiter vom Bett weg, in Richtung Fußende des Bettes. Dort schläft er noch etwa ein halbes Jahr, bis der Korb gegen ein richtiges Hundebett eingetauscht wird. Sobald er sich auf seinem neuen Bett richtig wohlfühlt, können Sie ihm außerhalb des

Schlafzimmers seinen neuen Schlafplatz zuweisen. Aber auch das müssen Sie wieder schrittweise tun, indem Sie den Korb allmählich immer näher an den neuen Platz verschieben.

86. Eingewöhnung – Stubenreinheit: Wie wird der Welpe stubenrein?

Bringen Sie den Hund so schnell wie möglich zu seinem bekannten Löseplatz, sobald er aufwacht, gefressen oder getrunken hat, gebadet wurde, nach einem Spiel oder anderen Aktivitäten. So lernt er bei konsequenter Durchführung, dass er sich nicht im Haus lösen darf. Zusätzlich muss er raus, wenn er schnüffelnd herumläuft und sich suchend hinhockt oder im Kreis dreht. Jammert er oder hat er etwas Aufregendes erlebt, zum Beispiel Sie beim Nachhausekommen begrüßt, dann eilt es sehr!

87. Eingewöhnung – Stubenreinheit: Was tun, wenn »es« passiert ist?

Ist es trotzdem einmal passiert, dass Ihr Welpe ein Pfützchen in die Wohnung gesetzt hat, dürfen Sie ihn

EXTRATIPP

Eingewöhnung – welpensicheres Zuhause
Sie müssen alle Zimmer, zu denen Ihr Welpe Zutritt hat, so sicher machen, als hätten Sie ein Kind im Krabbelalter. Das heißt, alles, was der Welpe erreichen könnte, stellen Sie höher oder räumen es weg. Steckdosen und freiliegende Elektroleitungen (Computer, Telefon) darf er nicht erreichen. Giftige Zimmer- oder Gartenpflanzen verbannen Sie am besten aus Ihrer Umgebung. Schließen Sie Medikamente, Putzmittel, Chemikalien usw. für den Welpen unerreichbar weg.

nachträglich nicht strafen, weil er den Tadel nicht mit der Tat verknüpft. Loben Sie ihn lieber, wenn er sich draußen löst. Insgesamt sollten Sie nach einem solchen »Malheur« noch konsequenter auf ihn achten.

88. Eingewöhnung – Stubenreinheit nachts: **Wie schaffe ich es, dass mein Welpe »pflegeleicht« über die Nächte kommt?**

> *Der kleine Welpe wird bald stubenrein, wenn er immer rechtzeitig zu seinem Löseplatz gebracht und gelobt wird.*

Wichtig ist, solange der Welpe noch nicht stubenrein ist, bei der Fütterung einen bestimmten Stundenplan einzuhalten, damit Sie sich in etwa auf seine großen Geschäfte zeitmäßig einstellen können. Ich selbst füttere die letzte Welpenmahlzeit gegen 18.00 Uhr. Eine Stunde später biete ich ihm auch sein letztes Wasser an. Da ich nie vor 23.00 Uhr schlafen gehe, kann ich den Welpen noch mindestens fünf Stunden lang beaufsichtigen, wann er eventuell hinausmuss. Bevor ich mich schlafen lege, gehen wir noch einmal ausgiebig ins Freie, bis der Kleine alle Geschäfte erledigt hat. So hält der Welpe sehr bald die Nacht durch.

89. Eingewöhnung – Transportbox: **Wie gewöhne ich meinen Welpen an eine Transportbox?**

In einer Transportbox (Fachhandel) ist Ihr Welpe zum Beispiel während einer Autofahrt sicher untergebracht. Wichtig ist, dass er diese Unterbringung

Boxen sind praktische und sichere Hilfsmittel für verschiedene Ausbildungsmethoden und zum Transport im Auto.

positiv verknüpft. Anfangs geben Sie dem Kleinen alle Hauptmahlzeiten in der stets offen stehenden Box, bis er diese dort unbefangen annimmt. Zwischen den Mahlzeiten liegt eine Decke in der Box, die er schon kennt und in deren Falten er manchmal ein Leckerchen findet. Geht er das erste Mal von selbst hinein, belohnen Sie ihn mit einem Leckerchen. Da Hunde gern in Höhlen liegen, können Sie die Gitterbox auch mit einer Decke abdecken und so zur Höhle machen.

Das Türchen der Box bleibt so lange offen oder sogar ausgehängt, bis der Welpe sicher mit der Box umgeht. Erst dann verschließen Sie die Tür für kurze Zeit und belohnen ihn, wenn er ruhig und entspannt bleibt. Nach und nach können Sie die Tür allmählich immer länger geschlossen halten. Versüßen Sie ihm anfangs den Aufenthalt in der Box mit etwas zum Kauen. Ist der Kleine an die Box zu Hause gewöhnt, wird er auch mit der Box im Auto keine Probleme haben.

90. **Eingewöhnung – Trennungsschmerz:** Kann die Trennung von Mutter und Geschwistern dem Welpen psychisch schaden?

Die Trennung allein schadet dem Welpen nicht, denn in der achten Woche sind die Welpen psychisch schon relativ stabil. Sie sind sehr neugierig und wollen zu Beginn der Sozialisierungsphase (→ Seite 44) Neues kennenlernen und vor allem Kontakte zu fremden Menschen und Tieren (nicht nur Artgenossen) aufnehmen. Wenn dieser Trennungsprozess von der Mutter allerdings überschattet wird durch schlechte Erfahrungen, etwa durch negative Erlebnisse mit überlauten, groben Menschen oder aggressiven Tieren, dann könnten Welpen später das sogenannte Fremdeln (→ Seite 82) zeigen. Dies tritt umso stärker auf, je weniger der Welpe sozialisiert wurde. Deshalb rate ich Ihnen, dass Ihr Welpe während der Trennungsphase nur unter Ihrer Aufsicht Kontakt zu anderen Menschen und Tieren aufnimmt.

91. Erziehung – Alter: Wie alt muss ein Welpe sein, um ihn erziehen zu können?

Manche Hundehalter sind auch heute noch der überlieferten, irrigen Meinung, dass der Hund erst ab einem Alter von einem Jahr gezielt erzogen werden kann. Das ist falsch, denn was der Welpe während der sogenannten Prägungsphase (→ Seite 44) erlebt, bleibt besonders lange in seinem Gedächtnis haften. Erfahrungen, die er in dieser Zeit nicht erlebt, kann er auch nicht mehr nachholen.
Die Erziehung des Welpen beginnt mit seinem Erwerb, eigentlich schon in den ersten Wochen beim Züchter. Etwa die ersten vier Monate seines Lebens sammelt er hauptsächlich Erfahrungen, und auf der Basis des gegenseitigen Vertrauens soll er eine gute Bindung zu seiner Bezugsperson aufbauen. Während dieser Zeit hat er die Erfahrung gemacht, dass sich Eifer beim gemeinsamen »Erziehungsspiel« lohnt. Steigern Sie daher langsam die Anforderungen entsprechend seinem Alter.

92. Erziehung – Bindung: Was versteht man unter Bindung?

Die Bindung an den Menschen ist die Grundlage für die Einordnung in das Mensch-Hund-Team. Ein Hund mit Bindung vertraut seinem Menschen.

Bindung entsteht durch Körperkontakt wie Streicheleinheiten, durch Füttern und Pflegemaßnahmen oder
gemeinsame Unternehmungen. Aber auch das Auf-
stellen einer klaren Rangordnung, in der Sie der Boss
sind und dem Kleinen sagen, was er zu tun hat, fördert seine Bindungsbereitschaft. Diese klaren Regeln
machen den Menschen für den Hund berechenbar,
geben ihm Sicherheit und stärken sein Vertrauen. Je
interessanter Sie das Zusammenleben mit dem Hund
gestalten, desto stärker entwickelt sich sein Bindungs-
bestreben. Hunde mit starker Bindung lernen leichter
als solche mit schwacher Bindung.

**93. Erziehung – Früherziehung: Ich habe gele-
sen, dass man schon früh mit der Erziehung
des Welpen beginnen soll. Was heißt denn
Früherziehung überhaupt?**

Darunter versteht man die gezielten Lernprozesse des
Welpen etwa während der ersten vier Monate. In dieser Zeit sammelt er alle Erfahrungen, die für seine
zukünftige Verhaltensentwicklung wichtig sind.
Die wohl wichtigsten Grundlagen der Früherziehung
sind der Aufbau des gegenseitigen Vertrauens sowie
die Bindung des Hundes an seine Bezugspersonen

EXTRATIPP

So setzen Sie Grenzen
Hundemütter setzen schon den kleinen Welpen bei Fehlverhalten durch nicht verletzende, aber konsequente Schnauzengrif-
fe klare Grenzen. Auf keinen Fall schüttelt die Hundemutter
den Welpen am Nackenfell, um ihn zu strafen. In der Natur
wird nur geschüttelt, wenn getötet werden soll. Als Hundehalter greifen Sie ähnlich dem hündischen Schnauzengriff dem
Welpen beherzt über die Schnauze, ignorieren ihn oder wenden sich ab, damit er das unerwünschte Verhalten abbricht.

E R Z I E H U N G **E**

(→ Seite 87) und die absolute Kontrolle (→ unten)
über den Hund während des ersten Lebensjahres.

94. Erziehung – Grenzen setzen: Wie wichtig ist
es, in der Erziehung »Grenzen zu setzen«?

Wölfe werden in ein strenges System der sozialen
Rangordnung hineingeboren. In dieser Gemeinschaft
hat jeder seine Funktion und sichert so das Überleben
des Rudels. Hunden liegt die Einordnungsbereitschaft
in ein System demnach in den Genen. Allerdings
müssen sie lernen, dass sie sich auch in ein Mensch-
Hund-Team einordnen müssen. Das geht nur, indem
Sie dem noch jungen Hund seine Grenzen aufzeigen.
Je früher Sie das tun, desto leichter lernt er es.
Antiautoritäre Erziehung ist deshalb für die Hundeerziehung ungeeignet. Das sehen Sie auch daran, dass
die Welpen schon in den ersten acht Wochen bei der
Hundemutter lernen, wie weit sie in ihrem Temperament gehen dürfen und wo ihre Grenzen sind. Und
das mit aller Deutlichkeit. Für Sie heißt das, dass etwa
zügelloses, grobes Spiel, Beißen oder bedrängendes
Betteln beim Essen – nur drei Beispiele für »Grenz-
überschreitungen« – von Ihnen mit ganz klaren Tabus
belegt werden müssen.

95. Erziehung – Kontrolle: Im Zusammenhang
mit Erziehung lese ich immer wieder von
»absoluter Kontrolle«. Was ist damit gemeint?

Erziehung besteht im Idealfall aus Ihrer Aktion und
der Reaktion des Hundes. Da Sie nicht erwarten können, dass der Welpe immer nur erwünschte Verhaltensweisen zeigt, wenn er gerade nicht schläft, müssen
Sie gezielt eingreifen und solche Aktionen unterbinden können. Dies geht nur, wenn Sie Ihren Kleinen
immer im Auge behalten, ihn beobachten und gegebenenfalls korrigierend eingreifen, ihn also unter

»absoluter Kontrolle« haben. Nur dann erhalten Sie als Endergebnis einen gut erzogenen Hund. Ohne Kontrolle lernt der Hund ebenfalls, aber nur die Dinge, die ihn interessieren. Können Sie sich nicht mit dem Hund beschäftigen, müssen Sie ihn so abgesichert unterbringen, dass er einerseits nichts anstellen und niemanden belästigen kann, dass er aber andererseits auch keine Ängste entwickelt oder beispielsweise von Kindern am Zaun geärgert wird.

96. Erziehung – Leckerchen: Was ist im Zusammenhang mit Leckerchen wichtig?

Leckerchen sind kleine Belohnungshappen (keine halben Mahlzeiten) zur positiven Verstärkung (Belohnung) eines erwünschten Verhaltens. Sie müssen wirklich ein Leckerbissen sein, den der Hund außer bei Übungen nicht bekommt. Jeden erfolgreichen Lernschritt des Hundes, den Sie mit einem Leckerchen belohnen, erlebt der Welpe lustvoll. Dann ist er auch an einer Wiederholung der Übung oder am Erlernen anderer Übungen interessiert.
Als Leckerchen eignen sich beispielsweise getrocknete Leber, getrocknetes Rindfleisch, rohes Rindfleisch, Käse oder Wiener Würstchen – alles in kleinen Stückchen. Nicht geeignet ist Schokolade!
Testen Sie Ihren Hund, was er besonders gern mag. Wechseln Sie aber zwischendurch, sonst ist es kein Leckerbissen mehr!

97. Erziehung – Vertrauen: Welche Rolle spielt das Vertrauen bei der Erziehung?

Der Welpe und später auch der erwachsene Hund wird nur freudig lernen, wenn Sie sich ihm gegenüber als vertrauenswürdig und kompetent erweisen. Er fügt sich ganz natürlich in die beschützende Sozialordnung des Mensch-Hund-Teams ein, wenn er darauf vertrauen kann, dass ihm in seinem Umfeld nichts passiert, dass seine Menschen und speziell sein Erzieher freundlich und fürsorglich mit ihm umgehen und dass er Freude bei der Ausbildung empfinden kann. Neben einem stabilen Vertrauen wächst so auch ganz nebenbei seine Zuverlässigkeit. Damit meine ich, dass der Welpe insgesamt in allen seinen Reaktionen und in seinem

> *Ein Bild des vollsten Vertrauens. Nur auf dieser Basis ist der Junghund so locker, dass er leicht lernen kann.*

Verhalten für Sie immer berechenbarer wird.

98. **Freilauf – Regeln:** **Ich möchte meinen Welpen Coco allmählich draußen in der freien Natur ohne Leine laufen lassen. Was muss ich denn dabei beachten?**

Fahren Sie mit Coco, solange er noch relativ unsicher ist, zu einem Gelände ohne Ablenkung, etwa einen Waldrand. Dort lassen Sie ihn frei laufen und aus Erziehungsgründen folgende Erfahrungen machen: Sobald er sich weiter als circa zehn Meter von Ihnen entfernt und noch dazu die Richtung bestimmen will, muss er das für ihn fürchterliche Erlebnis haben, dass Sie plötzlich verschwinden können. Gleich beim ersten Freilauf, wenn der Welpe die Distanz von etwa acht bis zehn Metern (den sogenannten Einwirkungsbereich, → Seite 125) überschreitet und nicht mehr auf Sie achtet, rennen Sie vom Weg schnell in den Wald und verstecken sich hinter einem Baum. Gibt es keine Versteckmöglichkeiten wie Bäume, Büsche,

Maisfeld usw., dann laufen Sie so schnell wie möglich in die entgegengesetzte Richtung, bis der Welpe hinter Ihnen herrennt, aus Angst, Sie zu verlieren. Geht er aber ungerührt weiter, rufen Sie einmal »hei« oder ähnlich. Er wird in der Regel erschrecken, weil er dann merkt, dass Sie verschwunden sind, und versuchen, Sie zu erreichen. Wenn Sie das in der Folgezeit öfter wiederholen, wird der Welpe aufmerksamer auf Sie achten und auch mit der Zeit den Einwirkungsbereich kaum mehr überschreiten.

99. Freilauf – Zeitpunkt: Ab wann darf ich meinen Hund frei laufen lassen?

Gehorcht Ihr Junghund noch nicht zuverlässig, dann dürfen Sie ihn während der Erziehungsphase zur Leinenführigkeit (→ Seite 94) auf keinen Fall von der Leine lassen. Würde er nämlich immer wieder einmal die Erfahrung machen, dass er nicht folgen muss, weil Sie ja keinerlei Einwirkungsmöglichkeit auf ihn haben, würde er dieses lustvolle Erlebnis ein ums andere Mal anstreben. In seinem ersten Lebensjahr sollten Sie daher Ihren Kleinen stets unter absoluter Kontrolle haben (→ Seite 89).

100. Kommunikation: Wie muss ich mich verhalten, dass mich der Welpe versteht?

Der Hund versteht Sie am besten, wenn Sie sich auf knappe Wort-Befehle beschränken und diese durch klare und ehrliche Körpersprache ergänzen. Die gesprochenen Worte an sich sagen ihm nämlich nicht das Geringste. Doch an der Färbung Ihrer Worte (der Ton macht die Musik) und an Ihrer Körpersprache erkennt der Hund, ob Sie positiv oder negativ auf sein Verhalten reagieren oder ob Sie es ignorieren. Wenn Sie konsequent mit ihm umgehen, wird er Folgendes schnell verstehen:

➤ Wenn er motiviert wird (mit Leckerchen usw.), dann soll er etwas tun.

➤ Wenn er etwas gut getan hat, wird er belohnt.

➤ Wenn er etwas Unerwünschtes unterlassen soll, zeigen Sie ihm dies klar, indem Sie sein Verhalten einfach ignorieren, oder Sie brechen sein unerwünschtes Verhalten ab, indem Sie ihn zum Beispiel mit einer Wasserpistole oder Klapperdose erschrecken. Als Ersatz bieten Sie ihm ein Spiel an.

101. Kontakt – Briefträger: **Überall liest man, dass Hunde und Briefträger ein gespanntes Verhältnis haben. Wie schaffe ich es, dass mein Welpe den Briefträger positiv sieht?**

Nehmen Sie sich die Zeit und erwarten Sie gleich in den ersten Tagen mit Ihrem Welpen auf dem Arm den Briefträger/Zeitungsboten. Begrüßen Sie ihn freundlich und lassen Sie auch den Briefträger freundlichen Kontakt mit Ihrem Welpen aufnehmen. Da Liebe bekanntlich durch den Magen geht, sollte der Briefträger ein Versteck wissen, wo er täglich Leckerchen für den Hund findet, die er ihm gibt, während er die Post in den Briefkasten wirft. Sie werden sehen, beide werden gute Freunde werden.

INFO

So wird der Briefträger zum »Feind«
Der im Garten allein gelassene Welpe erlebt zum ersten Mal den meist eiligen uniformierten Mann mit einer furchterregenden Tasche. Ängstlich muss er miterleben, dass der Fremde am Briefkasten klappernd hantiert, und das entringt ihm vielleicht ein zaghaftes Bellen. Wenn der Briefträger jetzt zeitgleich mit seiner Arbeit fertig ist und den »Tatort« verlässt, ist der Welpe, wenn das wiederholt so abläuft, der festen Meinung, er hätte den Feind durch sein Bellen vertrieben.

102. Kontakt – Fremde Menschen: Wie bekommt mein Welpe Sicherheit fremden Menschen gegenüber?

Sobald sich Ihr Welpe eingewöhnt hat, geben Sie ihm vermehrt Gelegenheit, mit anderen Menschen Kontakt aufzunehmen, etwa mit Freunden oder Bekannten. Nach und nach darf er sich dann auch in der Öffentlichkeit fremden Menschen annähern, aber nur solchen, die ihn von sich aus freundlich ansprechen. Andere werden auch von Ihnen ignoriert, und der Welpe wird mit einem deutlichen Leinensignal und einem konsequenten »Nein« daran gehindert, Passanten, die aus irgendwelchen Gründen keinen Kontakt mit Ihrem Welpen wünschen, zu »belästigen«. Nehmen Sie die Gelegenheiten wahr, wo zum Beispiel an Bushaltestellen oder auf Märkten mehrere Menschen warten, ihm Selbstbewusstsein anzutrainieren. So wird er bald unterscheiden können, wer Hunde liebt und wer nicht. Sie selbst müssen sich stets selbstsicher, freundlich oder neutral fremden Menschen gegenüber verhalten. Vergessen Sie nicht, Ihr Hund beobachtet Sie genau!

Das Zusammengewöhnen mit anderen Heimtieren gelingt am besten mit sehr jungen Welpen – und unter Ihrer Aufsicht.

Auch ein Jack Russell Terrier mit Imponierverhalten kann eine routinierte Katze nicht beeindrucken.

103. **Kontakt – Heimtiere:** Wie gehe ich am besten vor, um meinen Welpen an andere Tiere in meinem Haushalt zu gewöhnen?

Generell bin ich der Meinung, dass man bei der Zusammenstellung eines Haus-Zoos Vernunft walten lassen sollte. Verschiedene Tierarten zeigen auch verschiedenes artspezifisches Verhalten. So wird sich ein einigermaßen aufgeweckter Welpe schwer beherrschen können, wenn er plötzlich mit Tieren eng zusammenleben soll, die von Natur aus zu seinem Beutespektrum gehören und die seinen angeborenen Jagdtrieb auslösen, zum Beispiel Kaninchen, Hamster, Mäuse oder Ratten. Halten Sie die Kleintiere in sicheren Käfigen, am besten in einem Raum, zu dem der Welpe nur unter Ihrer Aufsicht Zutritt hat. Verhält er sich vor dem Käfig neutral, belohnen Sie ihn, zeigt er übersteigertes Interesse an den Insassen, wirken Sie mit »Nein« (→ Seite 136) auf ihn ein.
Katzen sind kein Problem, sie erziehen den Welpen selbst. An alle anderen größeren Tierarten ist Ihr Kleiner leicht zu gewöhnen, wenn Sie beide anfangs unter Ihrer Aufsicht zusammen lassen und wenn nötig regulierend eingreifen.

104. **Kontakt – Tiere außer Haus:** Wie lernt mein Welpe andere Tierarten kennen?

Versuchen Sie, solange Ihr Welpe noch klein und unbeholfen ist, ihm so oft wie möglich Gelegenheit zu geben, mit anderen Tierarten Kontakt aufzunehmen. Dazu bieten sich Besuche mit dem angeleinten Welpen auf Reiterhöfen oder Spaziergänge entlang einer Kuhweide, Besuche bei Bekannten mit anderen Kleintieren wie Kaninchen oder Gänsen und Hühnern an. Wirken Sie sofort negativ ein, wenn dabei sein angeborener Jagdtrieb erwachen sollte, indem Sie Disc-Scheiben (→ Seite 229), eine Klapperdose oder eine Wasserpistole einsetzen. Handeln Sie nach dem

Motto: Aus »Jagd-Lust« muss »Jagd-Leid« werden. Zwischendurch darf er nie zu einem Erfolg kommen.

105. Körperkontakt: Warum ist Körperkontakt wichtig?

Ein Zusammenleben mit einem Hund ohne gezielte Körperkontakte wäre völlig unmöglich und auch widernatürlich. Auch im Wolfsrudel gibt es Körperkontakt! Das Anlegen des Halsbandes, die regelmäßige Pflege oder einfach nur »Liebkosungen« wie Bauch-Kraulen oder Streicheln beinhalten intensive Körperberührungen Ihres Hundes. Aber auch mal durch Hochheben den Boden unter den Füßen zu verlieren oder längere Zeit von Ihnen eng umschlungen gehalten oder getragen zu werden, gehören dazu. Durch den Körperkontakt bauen Sie ein Vertrauensverhältnis zum Welpen auf und festigen die Bindung zwischen sich und dem Kleinen. Zudem wird die Rangordnung gefestigt.

106. Körperkontakt – Erziehung: Wie bringe ich dem Welpen bei, dass er sich überall am Körper berühren lässt?

Ein guter Hundehalter muss jeden Quadratzentimeter des Körpers seines Hundes kennen. Deshalb muss sich der Welpe von Geburt an daran gewöhnen, Hautkontakt mit seinem Menschen zu haben. Er muss lernen, auf einen Tisch gehoben zu werden und sich im Stehen, Sitzen oder Liegen am ganzen Körper untersuchen zu lassen. Dazu gehört volles Vertrauen des Hundes, Unterordnung und Anerkennung der menschlichen Autorität. Am besten verbinden Sie dies mit der regelmäßigen Körperpflege. Bürsten Sie Ihren Welpen so sanft, dass er es sichtlich genießt. Sie dürfen dabei nie ungeduldig oder hektisch sein. Immer mal wieder geben Sie ihm dabei ein Leckerchen.

107. Körperkontakt – Gebadet werden: Wie gewöhne ich den Welpen daran, dass er mal gebadet werden muss?

Baden ist nur notwendig, wenn sich der Hund irgendwo unappetitlich dreckig gemacht hat. Bevor Sie Ihren Welpen das erste Mal baden, sollte seine Bindung an Sie gefestigt sein. Verwenden Sie ein Shampoo speziell für Hunde (rückfettend). Füllen Sie lauwarmes Wasser in eine handliche Babywanne, es darf ihm nicht bis zum Bauch reichen. Damit der Welpe nicht rutschen kann, legen Sie ein Tuch auf den Boden der Wanne. Dann schütten Sie langsam das Wasser mit dem aufgelösten Shampoo über den Hundekörper. Achten Sie beim Baden darauf, dass sich der Welpe nicht erkälten kann. Deshalb sollten Sie ihn nach dem Spülen gewissenhaft abtrocknen und in einem warmen Raum so lange beschäftigen, bis er wieder trocken ist. Im warmen Sommer kann er selbstverständlich früher ins Freie. Mit dem Föhn würde ich ihn besser nicht bereits ängstigen.

108. Körperkontakt – Pflegemaßnahmen: Wie gewöhne ich den Hund an Pflegemaßnahmen?

Die regelmäßige Pflege des Hundes sollte vom Hund als Lust und von Ihnen als Freude empfunden werden. Kämmen und Bürsten können dem jungen Hund die Lust an der Pflege schnell vermiesen, wenn Sie anfangs zu grob und ungeduldig vorgehen. Beginnen Sie damit, dass Sie den Welpen mit der Bürste ein paar Mal zärtlich streicheln, gleich anschließend bekommt er einen herrlichen Leckerbissen. Dieser sollte immer jeden Pflegeabschnitt beschließen.
Lässt sich der Welpe von Ihnen zur Eingabe von Tabletten oder Tropfen auf die Zunge den Fang öffnen, signalisiert er, dass er Ihnen vertraut und Sie als Boss anerkennt. Das gilt auch für das Fiebermessen, die Ohrenreinigung oder das Krallenschneiden.

Alles muss liebevoll, aber mit Nachdruck und mit anschließender Belohnung spielerisch gelernt werden, solange der Welpe gesund ist. Dann wird er es auch von Ihnen dulden, wenn er einmal krank ist.

109. Lernen – Leinenführigkeit: Wie lernt schon der Welpe, richtig an der Leine zu gehen?

Voraussetzung ist, dass Sie Ihren Welpen an das Tragen des Halsbandes mit einer Schnur gewöhnt haben (→ Seite 76). Diese Schnur ersetzen Sie durch die Welpen-Führleine, sobald der Kleine die Schnur nicht mehr als etwas Besonderes beachtet. Wenn Sie nun mit dem angeleinten Welpen hinausgehen, muss er vom ersten Tag an lernen, richtig an der Leine zu gehen. Das heißt, er darf nicht die Richtung bestimmen, also an der Leine zerren, und er muss erkennen, dass alle Aktionen von Ihnen ausgehen und er darauf zu reagieren hat. Dazu muss der Welpe überwiegend an der lockeren Leine gehen, das heißt, die Leine muss ständig leicht durchhängen und darf nicht straff gespannt sein.

Und das lernt er so: Will der Welpe am Anfang des Spaziergangs selbstständig in eine bestimmte Richtung ziehen, dann gehen Sie abrupt, während die Leine noch locker ist, in die entgegengesetzte Richtung. Der Hund prellt dadurch mit seiner eigenen Kraft, nicht durch einen Ruck von Ihnen, in die Leine, was ihm unangenehm ist. Die neue Richtung machen Sie ihm durch ein Leckerchen erstrebenswert, und er

> *Hoch motiviert und auf sein Frauchen konzentriert – nur so kann der Hund die lockere Leinenführigkeit perfekt zeigen.*

bekommt dieses auch, wenn er sich freudig in Ihre Richtung bewegt. Durch diese Übung lernt der Welpe, auf Ihre Aktionen zu reagieren, aber nicht seinen Willen durchzusetzen.

110. Lernen – Lockere Leine: Warum soll die Führleine schon beim Welpen locker durchhängen?

Wenn Sie den Hund immer so an der dauernd straffen Leine halten, dass er nirgendwo hin kann und auch keinen Fehler machen kann, lernt er nur, sich mit noch mehr Kraft in die Leine zu stemmen und zu ziehen. Wenn ihm die Leine aber etwas Bewegungsspielraum lässt, lernt er, entspannt an der Leine zu gehen. Dazu muss die Leine von Anfang an immer locker durchhängen.

Weiterer Vorteil der lockeren Leine: Wenn Sie dem Hund etwas signalisieren wollen, bewegen Sie die Leine kurzfristig ruckartig. Sie erreichen dadurch, dass der Welpe seine Aufmerksamkeit auf Sie richtet, also im lockeren Bereich der Leine bleibt. Befolgt er den Hinweis, wird er dafür gelobt. Versuchen Sie das Gleiche mit der bereits gespannten Leine, entsteht kein Signal, sondern ein Zug, den der Hund als Aufforderung versteht, noch stärker zu ziehen. Sie erreichen also das Gegenteil.

Diese Art, an der Leine zu gehen, hat noch nichts mit der »Fuß-Position« (→ Seite 141) zu tun, die der Hund erst später lernt. Dabei muss er korrekt an Ihrer linken Körperseite gehen.

111. Motivation auslösen: Was muss ich tun, damit mein Welpe oder Junghund etwas gern tut, er also motiviert ist, etwas zu tun?

Dazu sollten Sie Ihren Welpen auf einen bestimmten Auslösungsreiz (etwa auf ein bestimmtes Wort)

konditionieren. Das heißt, dass der Hund lernt, auf ein bestimmtes Wort, etwa »Schau, schau«, in Zukunft ein bestimmtes Verhalten zu zeigen, beispielsweise seine Aufmerksamkeit auf Sie zu richten. Dadurch gerät er immer, wenn er dieses Wort hört, in höchste Aufmerksamkeit, weil er sich für die zu erwartende Übung eine Futter-Belohnung erhofft.

Und so gehen Sie vor: Bieten Sie dem vor Ihnen sitzenden, hungrigen Hund sein Lieblingsleckerchen an. Im gleichen Augenblick, indem er freudig das Leckerchen annimmt, sagen Sie sehr schnell hintereinander »Schau, schau«. Diesen Vorgang wiederholen Sie in aller Ruhe mindestens fünfmal. Dann wenden Sie sich vom Hund ab und warten, bis er sich in Ihrer Nähe für etwas anderes interessiert. Sagen Sie nun im gleichen Tonfall wie vorher wieder »Schau, schau«. Reagiert der Welpe darauf schnell und nimmt er interessiert mit Ihnen Blickkontakt auf, bekommt er unter lobenden Worten sein Leckerchen. Die Konditionierung sollte in einem Raum ohne Ablenkung des Hundes stattfinden.

Diese Art, die Motivation auszulösen, sollte aber auf den Junghund beschränkt bleiben (→ unten). Im Lauf der Ausbildung sollte sie durch die Eigenmotivation des Hundes abgelöst werden, das heißt, dass sich der Hund durch erfolgreich und freudig ausgeführte Aufgaben selbst belohnt.

112. Motivation fördern: Wie kann die Motivationsbereitschaft des Hundes erhalten oder sogar gefördert werden?

Die Motivation, also das »Wollen« des Hundes, ist Grundvoraussetzung für die Erziehung und spätere Ausbildung. Sie ist die innere Antriebskraft des Hundes, etwas zu tun, und diese Aktivität allein wirkt schon als Belohnung für den Vierbeiner. Diese Form der Motivation wird Eigenmotivation genannt (→ Seite 34). Um diese Eigenmotivation bei der Erzie-

hung und Ausbildung zu erhalten und sogar noch
zu fördern, sollte das spielerische Lernen immer mit
einem Erfolg für den Welpen enden. Das Gleiche gilt
für alle Spiele.

Bei der sogenannten Fremdmotivation (→ Seite 34)
zeigt der Hund Handlungen mit dem Ziel, vom Menschen nach der Ausführung belohnt zu werden. Weil
der Hund aber mit der Zeit immer mehr Belohnung
erwartet, schwächt sich die Motivation immer weiter
ab, und die Anreize (Belohnungen) müssten laufend
verstärkt werden. Daher muss die »Immerbelohnung«
auf variable Belohnung (→ Seite 124) umgestellt werden, um die Motivation des Welpen zu erhöhen.

113. Sozialisierung – Frühe Erfahrungen:
**Warum ist es so wichtig, dass mein Welpe
schon in den ersten Monaten Erfahrungen
sammelt?**

Aus Erfahrung klug werden, das gilt auch für Hunde,
denn auch sie lernen aus schlechten oder aus guten
Erfahrungen. Gerade das, was sie früh lernen, also
erfahren, prägt sich in der Sozialisierungsphase (8.
bis etwa 12. Lebenswoche, → Seite 40) besonders tief
ein. Wird der Hund einsam, also in einer sogenannten

INFO

»Jeder hat den Hund, den er verdient!«
Die Qualität der künftigen Partnerschaft mit dem Hund wird
beim Spiel und im allgemeinen Umgang mit ihm während der
Sozialisierungsphase unveränderlich geprägt. Auch die Weichen zur richtigen Rangordnung in der Mensch-Hund- Beziehung werden in dieser Phase gestellt. Der Mensch ist also
quasi künstlerisch an der Formung der künftigen Eigenschaften des Hundes tätig, sodass sich bei der Beurteilung des erzogenen Hundes das oben genannte Sprichwort bewahrheitet.

reizarmen Umgebung aufgezogen und erlebt er praktisch nichts, leidet er später an schweren Erfahrungsdefiziten. Das hat zur Folge, dass er mit vielen Situationen nicht artgemäß umgehen kann.

Solche Defizite können nicht mehr nachgeholt werden. Der Hund kann normale Umweltreize nicht mehr verarbeiten, und er wird überwiegend ein ängstliches Verhalten zeigen, welches mit der Zeit in Aggression umschlagen kann.

114. Sozialisierung – Menschen kennenlernen: Warum soll man den Welpen mit anderen Menschen vertraut machen?

Hunde müssen das Urvertrauen in den Menschen durch positive Erfahrungen mit freundlichen Menschen erst lernen. Daher muss der Hund ab der achten Woche (zu Beginn der Sozialisierungsphase) ausreichend Gelegenheit haben, Menschen kennenzulernen. Der Hund muss lernen, dass von anderen Menschen keine Gefahr ausgeht und dass sein Mensch die Situation unter Kontrolle hat. Hat er dazu keine oder nur selten Gelegenheit, wird er später kaum in der Lage sein, sich fremden Menschen unbefangen zu nähern. Er wird ein menschenscheuer und handscheuer Hund bleiben. Solches Verhalten ist oft eher auf Erfahrungsdefizite während der Prägungsphasen zurückzuführen als auf Misshandlungen durch Vorbesitzer. Eventuell kann ein schlecht oder nicht sozialisierter Hund beißen, meist wird er aber fliehen.

> Der Hund freut sich, wenn er mit seiner Bezugsperson Abenteuer-Ausflüge machen kann. Es stärkt die Bindung und hält fit.

115. Sozialisierung – Umwelt erfahren: Wie wird aus meinem Welpen ein sicherer Begleithund?

Neben Kontakt mit anderen Menschen (→ Seite 102) muss Ihr Hund frühzeitig alle möglichen Erfahrungen mit der Umwelt machen. Er muss andere Haustiere, Maschinengeräusche, Autos, Radfahrer usw. kennenlernen. Nur so kann aus ihm ein un-

> *Wenn Ihr Hund so vor Ihnen steht, fordert er Sie zum Spielen auf. Stimmt sonst die Rangordnung, tun Sie es!*

befangener, verkehrssicherer Begleithund werden. Bieten Sie dem Welpen täglich solche Situationen, indem Sie ihn in alle Lebensbereiche Ihres Alltags mitnehmen. Bewegen Sie sich selbstbewusst in allen Situationen, das heißt, bleiben Sie ruhig, beobachten Sie Ihren Hund aufmerksam und signalisieren Sie ihm: »Ich habe alles unter Kontrolle.« Dies ist vor allem wichtig, wenn Sie merken, dass der Kleine ängstlich reagiert. Denn Ihre Angst überträgt sich auch auf den Welpen und verunsichert ihn zusätzlich (→ Seite 36). Wichtig: Einen ängstlichen Hund dürfen Sie nie durch Streicheln beruhigen, da er dies als Bestätigung (Belohnung) seiner Angst sieht und immer ängstlicher wird. Führen Sie keine Extremsituationen künstlich herbei, um den Hund sicherer zu machen.

116. Spiel: Warum ist es so wichtig, mit dem Welpen zu spielen?

Die wichtigsten Aktionen des Hundes sind Fressen, Schlafen, Sozialkontakte, Sexualität und Spielen.

Spielen ist also ein natürliches Bedürfnis des Hundes. Beim lustbetonten Spiel miteinander lernen sich Mensch und Hund besser kennen. Das Vertrauen des Hundes zum menschlichen Spielpartner und umgekehrt wird verstärkt. Auch das Selbstbewusstsein des Hundes wächst. Der Mensch lernt die Körpersprache seines Hundes kennen und kann ihn dadurch besser einschätzen. Er erkennt beim Spiel Temperament und Ausdauer seines Hundes und was er verträgt (die sogenannte Härte). Und der Hund muss konsequent lernen, dass der Mensch bestimmt, wann, was, wo, wie und vor allem wie lange und womit gespielt wird.

117. Spiel – Dauer: Mein Welpe überdreht beim Spielen manchmal. Wie lange darf ich mit ihm spielen?

Welpen wollen so lange mit ihrem Menschen spielen, bis sie müde sind. Aber in der Regel wird der Mensch vor ihnen müde. Die Dauer des Spiels richtet sich nach dem Alter und nach der Kondition des Welpen. Als »Rudelchef« beenden Sie die Spielstunde. Deshalb sollte der Spielabbruch (→ Seite 106) bereits erfolgen, wenn der Welpe noch gut motiviert ist, und nicht erst dann, wenn er überdreht oder total erschöpft zusammenbricht.
Wenn der Welpe allerdings etwas Unerlaubtes macht, dann müssen Sie das Spiel abrupt beenden. In diesem Fall verwenden Sie den Spielabbruch als disziplinierende Maßnahme.

118. Spiel – Fehler: Welche Fehler kann man beim Spielen machen?

In der Praxis werden Welpen oft mehr »dressiert«, als dass mit ihnen lustvoll gespielt wird. Vielen Menschen fallen außer wilden Zerrspielen keine anderen Spiele ein. Sie klagen dann aber darüber, dass ihr

Welpe ihnen und leider auch ihren Kindern oft sehr schmerzhafte Beißspiele aufdrängt, weil er in seinem Eifer ausprobieren will, wie weit er gehen kann. Welpen werden beim Spiel aus Ehrgeiz auch oft mit Aufgaben überfordert, die sie noch nicht lösen können. Für den Welpen sollte jedes Spiel mit dem Menschen ein lustbetontes Erlebnis sein, das er immer wieder anstrebt, wobei er die darin »versteckten« Lernaufgaben als Spiel erlebt und dadurch spielerisch lernt.

119. Spiel – Kinder: **Unsere sechsjährige Tochter spielt sehr gern mit unserem Welpen. Was ist dabei zu beachten?**

Noch unvernünftige Kinder dürfen nur unter Aufsicht mit dem Hund spielen. Hier treffen zwei Lebewesen aufeinander, die vernunftmäßig etwa auf gleicher Stufe stehen. Kind und Hund agieren und reagieren noch unvorhersehbar und müssen sich erst langsam aneinander gewöhnen.
Sie als Eltern müssen auf Ihr Kind erzieherisch einwirken und ihm den richtigen Umgang mit dem Hund erklären. Kinder müssen lernen, dass sie auch einen niedlichen Welpen nicht als Spielzeug behandeln dürfen, also behutsam mit ihm umgehen und

---

EXTRATIPP

Sinnvolle Spiele mit Welpen
➤ Lieblingsspielzeug oder Leckerchen verstecken und suchen lassen.
➤ Hütchenspiel: Das Leckerchen ist unter einem von mehreren umgedrehten Bechern oder Blumentöpfen versteckt, der Hund muss das richtige Versteck herausfinden.
➤ Balancieren auf einem liegenden Baumstamm.
➤ Einen Hartgummiball wegrollen und den Welpen hinterherjagen lassen (nur auf Teppich oder draußen auf Naturboden).

ihn im Schlaf nicht stören dürfen. Deshalb sollte der Schlafplatz des Hundes für die Kinder tabu sein. Dorthin muss sich der Hund störungsfrei zurückziehen können, wenn ihm das Kind zu viel wird. Umgekehrt sollte auch der Hund nicht ohne Aufsicht Erwachsener in das Kinderzimmer dürfen.

120. Spielabbruch: Mein Welpe Tino beißt beim Spielen in meine Hand. Wie breche ich das Spiel richtig ab?

Wichtig ist, dass Sie den Spielgegenstand (Spielzeug) blitzschnell aus dem Sichtbereich des Hundes bringen, indem Sie ihn zum Beispiel in die Tasche stecken. Gleichzeitig stellen Sie alle Spielbewegungen abrupt ein, wenden sich vom Hund ab und gehen flott einige Schritte weg. Wenn Sie Tino daraufhin fordernd anspringt, weil er weiterspielen möchte, wenden Sie sich konsequent (nicht lachend) und schnell ab und ignorieren ihn. An Ihrer abwehrenden Körpersprache muss er klar Ihren Unwillen erkennen. Hat er den Abbruch akzeptiert, rufen Sie ihn herbei, belohnen ihn für das Kommen und entlassen ihn wieder.

121. Spielzeug: Welche Bedeutung hat »Spielzeug« für den Hund?

Spielzeug ist für die meisten Hunde nur interessant, wenn es sich bewegt, also wenn es rollt oder geworfen wird. Dadurch wird beim Hund der Beutetrieb ausgelöst, und er rast hinterher. Dabei zeigt er reines Jagdverhalten: verfolgen, auch manchmal anschleichen, einholen, zupacken, oft »totschütteln« und triumphierend damit herumrennen – das gehört nämlich zur »Beutesicherung«. Die Beute wieder herzugeben, apportieren genannt, ist anfangs für den Hund widernatürlich. Das muss er erst oft widerstrebend lernen. Wenn sich das Spielzeug nicht mehr bewegt oder es

GEEIGNETES SPIELZEUG

Spielzeug soll zweckmäßig und robust sein, denn es ist für den Hund Motivationsobjekt und dient im Spiel mit dem Menschen der Beschäftigung, der Erziehung und der Ausbildung.

SPIELZEUG FÜR ZERR- ODER ZIEHSPIELE

Hartes Tau mit Knoten, Beißwurst aus Jute oder verknotete alte Handtücher sind ideal für Zerrkämpfe mit Artgenossen oder Menschen. Beim Zerren mit Menschen sollte die Rangordnung aber vorher geklärt sein.

SPIELZEUG ZUM APPORTIEREN

Dazu gehören Ball aus Gummiringen, der Haken schlägt und so die Hasenjagd imitiert, Prey-Dummy, mit Futter gefüllter Dummy, der nach erfolgreichem Jagdspiel mit »Beute« belohnt, Schwimm-Dummy fürs Wasser.

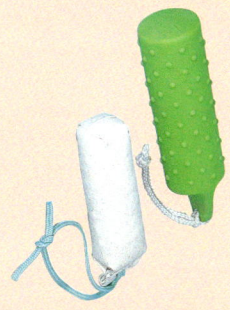

BESCHÄFTIGUNGSSPIELE

Zum Beispiel verschieden große Kartons zum Verstecken von Gegenständen oder einfach nur zum ausgelassenen Zerreißen, leere Plastik-Blumentöpfe für das Hütchen-Spiel (unter einem Topf wird das Leckerchen versteckt), Intelligenzspiele.

ihm nicht streitig gemacht wird, verliert der Welpe schnell das Interesse daran, er kaut darauf herum und zerbeißt es letztlich.

122. Übernahme – Abholen: In einer Woche holen wir unseren Welpen vom Züchter ab. Was müssen wir dabei beachten?

Die achte Lebenswoche ist der günstigste Zeitpunkt zur Übernahme des Welpen (→ Seite 109). Er sollte sechs Stunden vor der Autofahrt nichts mehr gegessen haben, damit er während der Fahrt nicht erbricht. Sonst könnte er eine Abneigung gegen das Autofahren entwickeln. Erbrechen könnte auch ausgelöst werden, wenn dem Welpen durch die »vorbeifliegende« Landschaft schwindelig würde. Am besten holen Sie den Kleinen zu zweit ab. Während Ihr Begleiter das Auto steuert, können Sie Ihr Hündchen auf den Schoß nehmen und ihn mit Spiel und Streicheleinheiten beschäftigen. So beginnen Sie schon mit dem Bindungsaufbau. Außerdem lenken Sie ihn dadurch von der sich bewegenden Landschaft ab. Legen Sie jede Stunde eine kurze Pause ein, aber bewegen Sie den Hund außerhalb des Autos unbedingt nur an der Leine, damit er nicht entwischen kann.

EXTRATIPP

Rollenaufteilung in der Familie
Bereits vor der Anschaffung des Welpen muss feststehen, wer die Bezugsperson des Hundes sein soll. Sie muss zeitlich dazu in der Lage sein, sich sowohl um die Früherziehung als auch um die Grunderziehung zu kümmern. Außerdem muss geklärt werden, wer außer der Bezugsperson noch die Pflege des Hundes übernimmt und wer sich außer der Bezugsperson auch um die Ernährung des Hundes kümmert. Alle zusammen sollten sich in der positiven Einstellung zum Hund einig sein.

123. Übernahme – Zeitpunkt: Wieso ist die achte Woche der günstigste Zeitpunkt für die Übernahme des Welpen?

Die achte Woche fällt in die sogenannte Sozialisierungsphase (→ Seite 40), in der der Welpe besonders offen für soziale Kontakte mit anderen Hunden, aber auch mit Menschen ist. Dadurch verkraftet er die Trennung von seiner Mutter und den Geschwistern leichter. Da der Welpe in dieser Zeit auch bereit ist, zu einem »Ranghöheren« eine Bindung aufzubauen, an dem er sich orientieren und dem er vertrauen kann, ist es wichtig, dass der Kleine in dieser Phase bereits bei Ihnen ist. Auch lernt der Welpe in der Sozialisierungsphase am besten, denn alles Erlernte prägt sich ihm fest ein. Die wichtigsten Verhaltensentwicklungen sind nur bis zur 14. bis 16. Lebenswoche möglich, dann endet die Sozialisierungsphase. Daher wäre ein längeres Verbleiben beim Züchter eventuell mit Erfahrungsverlusten verbunden.
Außerdem ist der Welpe in der achten Woche, was die Ernährung betrifft, nicht mehr auf seine Mutter angewiesen.

124. Übung »Zuverlässig folgen«: Wie lernt der Welpe, dass er mir zu folgen hat, auch wenn er nicht angeleint ist?

Sobald der Welpe nach den ersten Tagen Vertrauen zu Ihnen gefasst hat und in seiner Anfangsunsicherheit noch Wert auf Ihre Nähe legt, muss ihm durch ein unvergessliches Erlebnis gezeigt werden, dass er plötzlich ganz allein ist, wenn er Sie aus den Augen lässt. Sobald der Welpe während des Spaziergangs beginnt, seinen eigenen Interessen nachzugehen und Sie nicht mehr beachtet, verstecken Sie sich wortlos oder rennen abrupt in die entgegengesetzte Richtung.
Sie können verhindern, dass Ihr Kleiner nur seinen eigenen Interessen nachgeht, indem während des

Spaziergangs von Ihnen regelmäßig Aktionen ausgehen, die dem Hund Freude machen. Das kann ein Spiel sein, eine Knuddelrunde oder Action, wie über einen Baumstamm balancieren. Dann wird er sich immer freudig an Ihnen orientieren und muss nicht befürchten, dass er etwas versäumt.

125. Umwelterfahrung – Aufzug: Wie gewöhne ich den Hund daran, im Aufzug zu fahren?

Voraussetzung für das Üben des Liftfahrens ist, dass der Welpe allgemein schon recht umweltsicher ist, das heißt, dass er wenig Scheu vor Neuem zeigt. Denn dann bereitet es ihm keine Probleme, in einen Aufzug einzusteigen. Ich habe die Erfahrung gemacht, dass Welpen weniger Angst beim Anfahren des Aufzugs empfinden, wenn die erste Fahrt aufwärts geht. Schlimmer ist es, wenn gleich beim ersten Mal der Boden unter den Beinen absackt. Deshalb rate ich Ihnen, die Übung mit dem Hochfahren zu beginnen. Lassen Sie Ihren Kleinen während der Fahrt an einem Leckerchen schnuppern oder lecken. So ist er beschäftigt und verbindet die Liftfahrt mit etwas Positivem. Ist Ihr Welpe ruhig geblieben, dann loben Sie Ihren Kleinen nach dem Aussteigen ausgiebig und geben ihm das Leckerchen zum Fressen.
Hat der Hund Angst, dürfen Sie ihn nicht trösten, sonst bestärken Sie nur die Angst. Strahlen Sie stattdessen Sicherheit aus. Ist die Angst angeboren, dann sollten Sie überprüfen, ob es überhaupt notwendig ist, das Liftfahren zu üben. Wenn ja, etwa weil Sie im fünften Stock wohnen, dann tragen Sie Ihren Welpen die ersten Wochen während der Fahrt auf dem Arm. Wenn der Hund ruhig ist, schließen Sie nach einer kleinen Pause die Talfahrt an. Dabei gehen Sie wieder auf die gleiche Weise vor.
Noch ein Hinweis: Rolltreppen sind für den Hund zu gefährlich, selbst wenn er erwachsen ist, denn er kann mit den Krallen in den Rillen hängen bleiben.

126. **Umwelterfahrung – Auto:** Wie gewöhne ich meinen Hund an das Autofahren?

Bevor Sie Ihren Welpen erstmals im Auto mitnehmen, müssen Sie eine sichere Unterbringungsart installiert haben (→ Info unten). Üben Sie in der Anfangszeit mit einem Helfer, der das Auto lenkt, während Sie Ihren Welpen beobachten können. Tragen Sie den Welpen zum Auto und bringen Sie ihn auf »seinem« Platz unter. Fahren Sie anfangs mit dem Kleinen nur kurze Strecken, versuchen Sie nicht scharf zu bremsen und fahren Sie nicht mit zu hoher Geschwindigkeit. Beobachten Sie, wie sich Ihr Welpe während der Fahrt verhält. Bleibt er ruhig, belohnen Sie ihn mit einem Leckerchen. Wird er unruhig und beginnt aus dem

VORSCHRIFTEN ZU »HUND IM AUTO«

Sicherungs-pflicht	Es gibt keine Vorschrift für eine spezielle Sicherungspflicht für Hunde im Auto. Der Hund wird rein rechtlich als »Ladung« beurteilt. Wenn diese nicht richtig gesichert ist, drohen derzeit (Stand 2007) zwischen 35 und 50 Euro Bußgeld. Trenngitter und spezielle Anschnallsysteme gibt es im Fachhandel. Dort finden Sie auch empfehlenswerte Transportkörbe oder -boxen, die ebenfalls fest im Auto installiert werden müssen. Die sicherste Unterbringung ist ein eingebauter Stahlkäfig im Kombi. Er schützt den Hund sogar bei einem Überschlag.
Sitzplatz	Der Hund gehört, auch wenn er angeschnallt ist oder in einer Box sitzt, aus Sicherheitsgründen immer auf die Rückbank, im Kombi auf die mit einem Gitter abgesicherte Ladefläche, aber nie auf den Beifahrersitz.

Mund zu wässern (ein Zeichen, dass ihm übel wird), so machen Sie eine kurze Pause und gehen mit ihm einige Schritte angeleint zu Fuß. Dann fahren Sie wieder ein kurzes Stück. Nehmen Sie den Hund, wenn er keine Probleme mehr hat, zu allen möglichen Fahrten mit – nicht nur, wenn am Ende der Fahrt ein lustvolles Erlebnis (etwa Welpenschule oder Spielwiese) auf ihn wartet. Sie würden sich sonst mit der Zeit einen sehr unruhigen Hund im Auto erziehen, der in den höchsten Tönen bellt und jault, weil er sich sehr auf das Endziel freut.

Übrigens: Nach Angaben der Deutschen Versicherer gilt ein ungesicherter Hund im Falle eines Unfalls als grobe Fahrlässigkeit, und der Versicherungsschutz entfällt unter Umständen.

Die Angst vor dem knatternden Ungetüm gewöhnt man dem Welpen leicht ab, wenn er es erkunden darf.

Richtig an glatte Böden und Bahnfahren gewöhnt, wird der Welpe zum S-Bahn-Profi, mit Anlehnung am Knie des Chefs.

In der Natur hat so ein Welpe aufregende Abenteuer zu bestehen. Lassen Sie ihn diese wichtigen Erfahrungen machen!

127. Umwelterfahrung – Glatte Böden: Wie lernt der Welpe, glatte Fußböden zu betreten?

Glatte, oft glänzende Fußböden aus Stein oder Kunststoff in Treppenhäusern, in Gängen oder Sälen machen heranwachsenden Hunden sehr oft Angst. Sie versuchen dann durch Einsetzen der Krallen beim Gehen besseren Halt zu erreichen, was aber das Gegenteil bewirkt. Hier hilft am besten ein kleiner Trick: Benetzen Sie die Fußballen des jungen Hundes etwas mit Cola. Der leichte Klebeeffekt verhindert, dass der Hund rutscht. Locken Sie den Welpen mit Leckerchen auf die glatte Fläche, wenn er sich nicht traut. Bleiben Sie ruhig und geduldig, dann fällt es auch Ihrem Kleinen leichter. Hat er eine glatte Passage mit Bravour überwunden, wirken ein Leckerbissen und großes Lob Wunder.
Nehmen Sie beim Spaziergang in der Stadt alle sich bietenden Gelegenheiten zum Training auf glatten Böden wahr.

128. Umwelterfahrung – Hindernis: Wie bringe ich meinem Welpen bei, ein Hindernis wie eine Brücke zu überqueren?

Gute Hundeschulen oder Vereine haben bereits die Welpenschulen mit vielfältigen Geräten ausgestattet, auf denen die Kleinen durch Herumklettern in verschiedenen Höhen ihre Sicherheit festigen können. Bei Spaziergängen in Wald und Feld können Sie einiges dazu beitragen. Lassen Sie Ihren Welpen auf einem auf dem Boden liegenden Baumstamm balancieren. Auch kleine Übergänge über schmale Bäche bieten sich zum Üben an. Bei den ersten Brücken wählen Sie nicht zu hohe, aber relativ breite Übergänge aus, die auf keinen Fall schwanken dürfen. Ein erwachsener, sicherer Hund, der vorausgeht, wäre ein gutes Vorbild. Locken Sie Ihren Kleinen mit seinem Lieblingsspielzeug oder mit Leckerchen über das

Hindernis. Hat er es überwunden, bekommt er seine Belohnung. Der Hund ist in jedem Fall zur Sicherheit angeleint. Sie selbst müssen Selbstbewusstsein ausstrahlen und dürfen die Brücke oder den Stamm nicht zögerlich überqueren.

129. Umwelterfahrung – Menschenmenge: Wie gewöhne ich den Hund an viele Menschen?

Dazu eignet sich eine Fußgängerzone (→ Tipp unten) sehr gut. Doch stürzen Sie sich nicht gleich mitten in die geschäftige Menge. Nähern Sie sich den vielen Passanten von einer ruhigeren Nebenstraße aus. Setzen Sie sich zum Beispiel an einen Tisch eines Straßencafés abseits des Trubels, von wo aus Ihr Welpe mit etwas Rückendeckung Gelegenheit hat, in Ruhe die vorbeigehenden Menschen zu beobachten und die Fülle neuer Geräusche und vor allem Gerüche aufzunehmen. Wenn er keine Angst zeigt, gehen Sie mit dem Kleinen ein bisschen näher auf die Menschenmenge zu. Bitte überfordern Sie Ihren Welpen nicht. Hören Sie auf, solange Ihr Hund motiviert ist und Sicherheit zeigt. Welpen auf ein Volksfest oder gar zu einem Feuerwerk mitzunehmen halte ich für sehr unvernünftig. Der Lärm schmerzt den Hund stark, und die teilweise enthemmten Besucher schaden dem Welpen mehr, als dass sie nützen.

EXTRATIPP

Die Fußgängerzone als Trainingsort
In einer Fußgängerzone ist alles geboten, um den Welpen auf viele Menschen vorzubereiten. Allerdings eignet sich für den Anfang eine Einkaufsstraße einer Kleinstadt besser als die Shopping-Malls von Großstädten. Meiden Sie auch Zeiten des Schlussverkaufs. Massen von hektischen Menschen verunsichern sogar den mutigsten Hund.

130. Umwelterfahrung – Nahverkehr: Wie lernt mein Hund das Busfahren?

Auch wenn Sie vermutlich in Zukunft kaum mit Ihrem Hund mit dem Bus fahren werden, so sollten Sie ihn dennoch daran gewöhnen. Es ist auch ein kleiner Baustein zur Wesensbildung. Ideal wäre, wenn der Welpe bereits gelernt hat, im Auto mitzufahren, und Freude daran hat. Beim Einsteigen in den Bus sollten Sie den Welpen tragen, um ihm die erste Scheu zu nehmen. Wenn Sie Ihren Platz eingenommen haben, lassen Sie ihn auf Ihrem Schoß sitzen und von dort aus alles beobachten und zum Fenster hinausschauen. Hat der Welpe Angst, ignorieren Sie dies und verhalten sich normal und selbstbewusst. Ihr Welpe wird Sie beobachten und mit der Zeit seine Angst ablegen. Auf dem Fußboden können Sie Ihren Hund erst ab einem Alter von etwa sechs bis acht Monaten sitzen lassen und wenn er keine Angst mehr zeigt.
Gehen Sie in der gleichen Weise vor, wenn Sie den Welpen an U- und S-Bahn, Straßenbahn oder an den Zug gewöhnen möchten.

131. Umwelterfahrung – Straßenverkehr: Wie mache ich meinen Welpen verkehrssicher?

Speziell Welpen, die in dörflicher Einsamkeit (reizarme Umgebung) aufgewachsen sind und keinerlei Erfahrung mit Geräuschen von Kraftfahrzeugen machen konnten, haben oft große Probleme im Straßenverkehr. Um ihn daran zu gewöhnen, sollten Sie anfangs mit dem Welpen nur so nah an die viel befahrene Straße gehen, dass er keine oder gerade noch keine Angst zeigt. Beschäftigen Sie dort den Kleinen mit Dingen, die ihm Freude machen, beispielsweise streicheln Sie ihn oder geben ihm ein Leckerchen. Mit der Zeit und mit zunehmender Sicherheit des Welpen nähern Sie sich mit ihm immer mehr den stark befahrenen Straßen. Die tägliche Mitnahme im sicheren

Auto (nur wenn er Freude daran hat) oder zu Fuß zum Einkaufen wird ihn immer selbstbewusster machen.

132. Umwelterfahrung – Treppen: Wie verliert mein Welpe die Angst vor Treppen?

Mit der Zeit und Ihrer Hilfe sind selbst so glatte Treppen kein unüberwindliches Hindernis mehr für Welpen.

Beginnen Sie bei einer Treppe mit wenigen, geschlossenen Stufen. Die Stufen müssen rutschfest sein. Der Hund ist locker angeleint. Nun locken Sie ihn langsam mit verheißungsvoller Stimme und einem Leckerchen oder seinem Spielzeug in der Hand auf die unterste Stufe. Ist er dort, loben Sie ihn ausgiebig. Auf diese Weise locken Sie ihn über die ersten Stufen. Weigert er sich weiterzugehen, dann gehen Sie ruhig allein weiter, bis Sie auf Leinenlänge entfernt stehen bleiben. Locken Sie geduldig weiter und geben Sie ihm zwischendurch mit der Leine ein kleines aufmunterndes Signal. Haben Sie Geduld, er kommt bestimmt. Auch ein erwachsener Hund als Vorbild, der vorausläuft, wäre eine große Hilfe.

133. Umwelterfahrung – Wasser: Wie gewöhne ich meinen Welpen Caro an das Wasser?

Hunde können von Geburt an schwimmen. Welpen spielen auch gern gemeinsam im flachen Wasser eines Planschbeckens. So gewöhnt man den Welpen schon im Rahmen der Welpenspielstunde an die »Wasserfreuden«. Achten Sie aber darauf, dass er dabei nur Freude und keine Angst erlebt. Am besten gehen Sie

UMWELTERFAHRUNG U

mit Caro zusammen ins höchstens knietiefe Wasser und spielen mit ihm mit einem Schwimm-Dummy, den er immer leicht erjagen kann, ohne gleich beim ersten Mal schon schwimmen zu müssen. Erst allmählich werfen Sie den Dummy so, dass der Kleine schwimmen muss, ihn aber unter Ihren anfeuernden Rufen auch erreichen kann.
Der Hund sollte schon 20 Wochen alt sein. Bitte überfordern Sie ihn nicht vor lauter Begeisterung, und üben Sie nur in stehenden Gewässern!

134. Umwelterfahrung – Zeitpunkt: Wann soll ich damit beginnen, mit meinem Welpen die Umwelt zu erkunden?

Damit können Sie beginnen, wenn der meist acht Wochen alte Welpe nach seinem Einzug ins neue Heim die Wohnräume und auch den Garten, falls vorhanden, kennengelernt hat und sich unbefangen und angstfrei darin bewegt. Sichern Sie den Welpen mit der Drei-Meter-Leine und verlassen Sie kurz die Wohnung oder den Garten. Wenn er reif dazu ist, drängt er selbst neugierig in die fremde Umgebung. Dieser erste Ausflug darf aber nicht zu lange dauern, 20 Minuten reichen. Wird der Kleine immer sicherer,

EXTRATIPP

Treppen steigen – ab wann?
Treppen steigen ist im Allgemeinen keine besonders gesunde Betätigung für Welpen. Wobei das Abwärtsgehen für die noch nicht voll entwickelten Sehnen und Gelenke des jungen Hundes besonders schädlich sein kann. Meine Hunde hindere ich je nach Rasse mindestens ein halbes bis drei viertel Jahr mithilfe eines Kindergitters daran, selbstständig Treppen zu steigen. Bis dahin trage ich sie die Treppen hinunter. Wendeltreppen und nach hinten offene Stufen sind besonders gefährlich.

können Sie die Dauer der Ausflüge allmählich verlängern. Vergessen Sie nicht, genügend Leckerchen als Belohnung und sein Lieblingsspielzeug zur Motivierung des Kleinen mitzunehmen.

135. Welpenschule – Gründe: Mein Welpe hat einen gleichaltrigen Freund, mit dem er täglich spielt. Soll er trotzdem eine Welpenschule besuchen?

Ich empfehle dies unbedingt, weil er dort die verschiedenen Rassen und deren Körpersprache kennenlernt. Vor allem lernt er, sich mit ihnen zu verständigen. Auch Sie selbst profitieren von dem Hundewissen einer guten Hundeschule, auch wenn Sie schon einmal einen Hund hatten. Denn auch in der Hundeausbildung hat sich in den letzten Jahren einiges verändert. So wird heute fast ausschließlich mit positiver Verstärkung (→ Seite 124) gearbeitet. Sie können sich Anleitungen und praktische Hilfestellungen im Umgang mit Ihrem Welpen und dessen Verhalten gegenüber anderen Hunden oder fremden Menschen holen.

136. Welpenschule – Zeitpunkt: Wann ist mein Welpe reif für die Welpenschule?

Sobald er sich bei Ihnen eingewöhnt hat und sich selbstbewusst in seinem weiteren Umfeld bewegt. Er muss grundgeimpft und ungezieferfrei sein. Schieben Sie den Besuch nicht lange hinaus. Denken Sie daran, dass die wichtigsten Prägungen nur bis zur 16. Lebenswoche möglich sind und dass Ihr Hund das Versäumte als erwachsener Hund nur schwer nachholen kann. Bedenken Sie: Alle Erfahrungen, die er schon als Welpe macht, tragen dazu bei, dass er später ein ausgeglichener, angstfreier, souveräner Hund wird. Erkundigen Sie sich nach einer guten Welpenschule und deren Termine, schon bevor Sie den Hund vom

Züchter abholen. Adressen erhalten Sie bei den Hundeverbänden (→ Seite 254) oder beim Tierarzt.

137. Welpenschutz: Ich habe gehört, dass Welpen einen gewissen Schutz genießen bei älteren Hunden. Stimmt das?

Diese Ansicht wird als Halbwahrheit immer weiter überliefert. Beim Wolf gilt der Welpenschutz nur in den ersten Wochen und nur für die Welpen innerhalb des Rudels. Heranwachsende Welpen werden dann von den erwachsenen Wölfen auch diszipliniert, wenn sie sich falsch verhalten.
Unsere erwachsenen Hunde verhalten sich Welpen gegenüber nicht alle gleich. Manche lieben sie, manche tolerieren sie, und manche können Welpen nicht riechen. Deshalb ist es ratsam, dass Sie auf Ihren Welpen aufpassen, wenn sich ein fremder Hund nähert. Schon allein aus diesem Grund ergibt sich die Notwendigkeit, den Welpen in der Öffentlichkeit durch eine lange Leine abzusichern.

138. Welpenspielgruppe: Was lernt der Welpe bei der »Spielerei« in der Welpenspielgruppe?

Was für uns Zuschauer wie ein lustiges Spiel zwischen putzigen und tollpatschigen Hunden aussieht, ist in Wirklichkeit ernsthaftes Lernen. Denn auf natürliche Weise erfahren die Hunde »spielend« ihr Körperbewusstsein und trainieren ihre Körperbeherrschung. Die sozialen Mechanismen sind dem Hund angeboren, aber der Welpe muss sie im Spiel üben, sonst kann er sie in der Praxis nicht richtig anwenden und benimmt sich asozial. Alles, was der Hund in diesen wenigen Wochen an Verhalten lernt, wird ihm unauslöschlich »eingeprägt«, und der Hund vergisst es nie mehr. Hier werden die Grundlagen für sein späteres Verhalten geschaffen.

Einmaleins des Grund- gehorsams

Ab dem vierten Lebensmonat –
mit Beginn des Zahnwechsels –
wird aus dem Welpen langsam ein
Junghund. Ab dem siebten Monat
kommt er in die Pubertät. Die
Festigung des Grundgehorsams
hat jetzt Priorität.

139. Belohnung – Arten: Womit kann ich meinen Hund für erwünschtes Verhalten belohnen?

Unter Belohnung verstehen die meisten Menschen Leckerbissen, lobende Worte und/oder anerkennende Streicheleinheiten. Fortgeschrittene Hundehalter verwenden auch schon mal ein Spiel zur Belohnung eines erwünschten Verhaltens. Man spricht von Belohnung, wenn der Hund durch sie eine positive Erfahrung macht, die unmittelbar auf sein Verhalten folgt. Macht der Hund die positive Erfahrung bereits während seines Verhaltens, spricht man von Bestätigung. In beiden Fällen bewirken die positiven Erfahrungen, dass der Hund ein so erlebtes Verhalten in Zukunft immer wieder anstrebt und intensiver zeigt.

140. Belohnung einsetzen: Kann ich die verschiedenen Arten der Belohnung jederzeit einsetzen?

Ja, erlaubt ist, was zum Erfolg führt. Allerdings sollten Sie erst ausprobieren, auf welche Art der Belohnung Ihr Hund am leidenschaftlichsten anspricht. Haben Sie einen Familienhund, dann werden Sie vermutlich mit den primären Verstärkern, also mit Belohnung durch Futter, Streicheln und gesprochenes Lob, am leichtesten zum Erfolg kommen. Die Anwendung der sekundären Verstärkung, etwa mittels Clicker-Methode, sogar auf größere Entfernung, gehört zur »Hohen Schule« der Ausbildung und muss unter Anleitung richtig gelernt werden, weil sonst der Hund nur unnötig verunsichert wird (→ Literatur Seite 255).

141. Belohnung – Leckerchen: Wie geht man mit dem Leckerchen richtig um?

Da die Belohnung nur dann wirkt, wenn sie unmittelbar auf das erwünschte Verhalten des Hundes folgt, müssen Sie die Leckerchen so in Ihrer Kleidung (etwa in der Hosentasche) oder in einer speziellen Gürteltasche aufbewahren, dass sie für Sie blitzschnell erreichbar sind. Müssen Sie zum Beispiel erst in einer raschelnden Plastiktüte kramen, wird der Hund dadurch abgelenkt und verbindet das Leckerchen nicht mehr mit der Übung. Sie gefährden auf diese Weise den Ausbildungserfolg. Die Leckerchen dürfen aber auch nicht aus der Tasche fallen, sonst macht der Hund die Erfahrung, dass er Belohnung auch am Boden findet, und wird dort verstärkt suchen.

Als Leckerchen eignet sich alles, was Ihr Hund sehr gern frisst, aber nicht immer bekommt. Das können kleine Stückchen Käse, gekochtes Fleisch, Wurst oder Trockenfutter sein.

142. Belohnung – Loben: Ich möchte meinen Hund nicht nur mit Leckerchen, sondern auch mit der Stimme loben. Wie setze ich die Stimme richtig ein?

Die wenigsten Hundehalter machen sich über die Art des Lobens Gedanken. Hat der Hund etwas richtig ausgeführt, dann kommt oft lediglich ein monotones »So ist's braaav!«. Mit der Zeit reagiert der Hund

EXTRATIPP

Leckerchen richtig in der Hand halten
Mit dem Daumen drückt man das Leckerchen fest an die Innenhand. Die vier restlichen Finger kann man über dem Daumen zur Faust schließen. Bekommt der Hund die Belohnung, bieten Sie ihm Ihre Handinnenfläche an (nur der Daumen sichert noch das Leckerchen). Der Hund erreicht die Belohnung nur, wenn er mit der Nase den Daumen zur Seite schiebt. Strebt der Hund das Leckerchen nicht drangvoll an, bekommt er es nicht, indem sich die Hand sofort wieder schließt.

darauf kaum mehr. Wenn ihm dann noch zur Bekräftigung mit der flachen Hand fast die Seele aus den Rippen geschlagen wird, ist es für den Hund eher ein Härtetest als ein Lob.

Lob soll die Leistung des Hundes anerkennen, ihn positiv bestärken und aufs Neue motivieren. Lob ist eine intensive Form der Kommunikation. Daher müssen Sie das Lob, weil es vom Verstand und vom Herzen kommen soll, mit freudiger Stimme und positiver Körpersprache geben. Außerdem soll es der Leistung des Hundes angemessen sein und darf auf keinen Fall stereotyp verwendet werden.

143. Belohnung – Variable Belohnung: Was bedeutet der Begriff »variable Belohnung«?

Beim Lernen über positive Verstärkung nutzt man anfangs die Tatsache, dass Hunde neue Dinge schneller lernen, wenn es sich für sie lohnt. Daher belohnen Sie den Lehrling für eine erfolgreiche Übung mit einem Leckerchen. Der Hund soll aber nicht nur folgen, wenn er etwas dafür bekommt. Deshalb erfolgt die Belohnung Schritt für Schritt variabel, also nur noch ab und zu. Nicht mehr jede gute Leistung wird bestärkt. Dadurch wird die Erwartungshaltung des

EXTRATIPP

Richtig loben

➤ Lob muss immer von Herzen kommen und soll – mit freundlicher Stimme gesprochen – Bewunderung und Zuneigung ausdrücken, zum Beispiel: »Das hast du ganz toll gemacht!« oder: »Du bist ja mein Bester!«

➤ Lob muss der Leistung angemessen sein. Nur eine hervorragende Leistung verdient höchstes Lob.

➤ Unangemessenes überschwängliches Lob kann zur Leistungsminderung führen.

Hundes nicht nur erhalten, sondern sogar noch gesteigert, weil er nicht mehr mit regelmäßigen Belohnungen rechnen kann. Er wird dann die seltenere (variable) Belohnung noch eifriger anstreben.

144. Belohnung wechseln: Wie stelle ich den Hund auf variable Belohnung um?

Anfangs hatten Sie bei jeder Übung mindestens ein Leckerchen in der zur Faust geschlossenen Hand, womit Sie den Hund mehr oder weniger motivierten, eine bestimmte Übung auszuführen. Sobald der Hund jedoch die einzelnen Übungen sicher beherrscht, bekommt er nicht mehr jedes Mal ein Leckerchen, sondern nur noch für Übungen, die er besonders präzise oder eifrig ausgeführt hat (variable Belohnung). Das Leckerchen befindet sich auch nicht mehr in der Faust, sondern er bekommt es aus der Leckerle-Tasche. Sonst führt der Hund die Übung nur noch aus, wenn er die Belohnung riecht. Aber auch ein kurzes, anerkennendes »Ja, ja, ja!« als Bestärkung, während er das erwünschte Verhalten zeigt, oder/und ein lobendes, herzliches Streicheln zum Abschluss wird vom Hund als Belohnung verstanden.

145. Einwirkungsbereich: Was versteht man unter »Einwirkungsbereich«?

Als Einwirkungsbereich bezeichnet man die Entfernung zwischen Hundehalter und Hund, innerhalb der es dem Hundehalter noch möglich ist, seinen frei laufenden Hund über Signale zu kontrollieren. Der Hund ist nicht mehr im Einwirkungsbereich, wenn Außenreize, etwa von Wild oder anderen Hunden, stärker auf ihn einwirken als die Befehlsreize seines Menschen. Naturgemäß werden die Einwirkungsmöglichkeiten auf den Hund immer geringer, je weiter sich dieser von Ihnen entfernt. Die Größe des

Einwirkungsbereichs kann rassebedingt und von Hund zu Hund verschieden sein und ist nicht zuletzt von der Qualität seiner Erziehung abhängig.

146. Erziehung – Angst vorbeugen: Was kann ich vorbeugend tun, damit mein Hund keine Angst entwickelt?

Wie Sie schon auf Seite 89 lesen konnten, sollten Sie alle Aktionen Ihres Hundes während des ersten Lebensjahres überwachen können. Dadurch bleiben auch Situationen, die dem Hund Angst einflößen könnten, auf ein Minimum beschränkt. Sie selbst müssen allen Situationen, die der Hund noch nicht kennt, ruhig und selbstbewusst entgegentreten. Ihre Unsicherheit überträgt sich sonst auf den Hund (Stimmungsübertragung). Außerdem dürfen Sie in Situationen, in denen er sich fürchtet, nicht trösten, sonst bestärken Sie ihn in seiner Angst. Und Ängste, die der Hund in der Jugend erlebt und nicht schnell überwunden hat (→ Seite 69), können sich zu lebenslangen Phobien entwickeln.

147. Erziehung – Geduld: Warum ist Geduld bei der Erziehung so wichtig?

Die Erziehung eines Hundes funktioniert ebenso wenig auf Knopfdruck wie die Kindererziehung. Man braucht unter anderem viel Geduld dazu. Geduld heißt aber nicht, dass Sie zehnmal »Sitz« sagen und der Hund trotzdem nicht reagiert. Und es hat auch nichts mit Geduld zu tun, wenn Sie einen unerzogenen Hund mit all seinen Launen ergeben ertragen. Geduld zeigen Sie vielmehr, wenn Sie – bezogen auf eine Übung – den momentanen Leistungsstand Ihres Hundes kennen und wissen, welches Erziehungsziel Sie erreichen wollen. Dieses Ziel wollen Sie aber nicht mit Gewalt erreichen, das heißt, Sie lassen sich so lange Zeit, bis der Hund über positive Verstärkung gelernt hat, was Sie von ihm wollen. Hundeerziehung ist eine tägliche Herausforderung und dauert eigentlich ein ganzes Hundeleben lang. Aber spätestens dann, wenn der Hund alt wird und er sich mit Ihnen liebevoll arrangiert hat, bekommen Sie Ihre Geduld von ihm tausendfach vergütet.

148. Erziehung – Grundgehorsam: »Grundgehorsam« – was versteht man darunter?

Der Grundgehorsam ist die Basis einer guten Erziehung, die sich später in allen Lebenslagen beweisen muss. Während dieses intensiveren Erziehungsabschnittes etwa ab dem vierten bis fünften Lebensmonat lernt der Hund eine Reihe von Übungen, auf denen Sie später im täglichen Umgang mit dem Hund aufbauen können. Man muss ihm nicht beibringen, sich hinzulegen, denn das kann er. Während der Grunderziehung bringen Sie ihm aber bei, sich auf das Hörzeichen »Platz« sofort hinzulegen und so lange liegen zu bleiben, bis Sie den Befehl wieder aufheben (→ Seite 148). Des Weiteren muss er lernen, auf »Hier« freudig zu kommen (→ Seite 134), »Sitz« (→ Seite 148) und »Bleib« (→ Seite 204) korrekt zu befolgen und an der lockeren Leine »Fuß« zu gehen (→ Seite 141). Das sind in etwa die wichtigsten Lernfächer der Grunderziehung. Selbstverständlich müssen die Freude am Spiel und die Motivation durch Belohnung (positive Verstärkung) auch weiterhin die Grundlagen der Erziehung sein.

149. Erziehung – Konsequenz: Warum ist es so wichtig, bei der Erziehung des Hundes konsequent zu sein?

Konsequenz kommt von lateinisch »consequentia« und bedeutet Unbeirrbarkeit, Folgerichtigkeit.

Solche rüpelhaften Aufforderungen stehen dem »Rangniederen« nicht zu. Ignorieren Sie den Hund konsequent.

Konsequenz ist eine der Grundlagen der Hundeerziehung. Wenn Sie »Nein« sagen, dann dürfen Sie sich vom Hund nicht mit einem »Eventuell« oder »Vielleicht« abspeisen lassen, sondern Sie müssen das »Nein« stur (konsequent) bis zum Abbruch seines unerwünschten Verhaltens durchsetzen. Das begreift der Hund, und er zieht daraus seine eigenen Konsequenzen, indem er Unerwünschtes sein lässt. Auch kann er sich an einem konsequenten Rudelführer eher orientieren und fühlt sich sicherer als bei einem nicht konsequenten Chef. Bedenken Sie aber immer, dass Hunde Konsequenzen nur aus dem Jetzt ziehen und nicht aus dem, was war oder was morgen sein wird.

150. Erziehung – Konsequenz für den Hund: Wie legt der Hund Konsequenz aus?

Hunde wenden untereinander Konsequenz effektiver an als wir Menschen. Im Rudel muss man sich bei Streitigkeiten, etwa um einen begehrten Liegeplatz, durchsetzen, will man Erfolg haben. Zieht der andere daraus seine Konsequenzen, indem er zum Beispiel den höheren Rang seines Kontrahenten anerkennt, ist die Angelegenheit auch schon vergessen; er trollt sich, und der Ranghöhere legt sich auf diese Stelle. Auf unseren Alltag bezogen heißt das, dass es kein Hund verstehen kann, warum er nicht auf die Couch darf, obwohl sie doch gerade frei ist. Denn bei funktionierender Rangordnung macht der Hund den Platz sofort frei, wenn sein Mensch wiederkommt.

So ist das auch bei meinen Hunden: Sie verlassen die Couch sofort unaufgefordert, wenn sich einer aus unserer Familie hinsetzen will. Wir leben mit unseren Hunden konsequent nach dem Grundsatz: »Hunde dürfen alles. Sie müssen es aber sofort unterlassen, wenn es der ranghöhere Mensch nicht mehr duldet.« Dadurch gestaltet sich unser Zusammenleben überwiegend spannungsfrei.

151. Erziehung – Selbstbewusster Hund: Wie schaffe ich es, dass aus meinem Junghund ein selbstbewusster Hund wird?

Sie müssen zulassen, dass Ihr junger Hund beim Erkunden der Umwelt seine guten und schlechten Erfahrungen selbst machen kann. Auf keinen Fall dürfen Sie ihm durch überängstliches Bemuttern die unliebsamen Erfahrungen des Lebens ersparen, denn dadurch lernt er nicht, artgerecht zu reagieren. Hat er aber immer wieder das Erfolgserlebnis, dass er Neues meistern kann, entwickelt er sich zu einem selbstbewussten Hund.

Natürlich müssen Sie darauf achten, dass sich der Hund nicht verletzen kann oder gar in Lebensgefahr gerät. Aber keine Angst, schon die Welpen erkennen Gefahrensituationen und weichen ihnen rechtzeitig aus. Ihre schützende Hand darf nur für den äußersten Ernstfall bereit sein.

152. Erziehungshilfe – Automatikleine: Der Trainer in der Hundeschule ist gegen eine Automatik- oder Flexileine. Warum ist sie als Erziehungsmittel ungeeignet?

Ich halte von der sogenannten »Schachterl-Leine« während der Erziehung des Hundes ebenfalls nichts, denn wenn diese Leine auf »endlos« gestellt ist, dann lernt der Hund automatisch das Zerren, weil er die

Erfahrung macht, dass er nur ziehen muss, wenn er schneller laufen will. In der Dunkelheit sind die dünnen Schnüre außerdem gefährliche Stolperfallen für Passanten. Große Problemhunde mit solch einer Leine zu führen ist meines Erachtens grob fahrlässig, weil man sie nicht unter Kontrolle hat.

153. Erziehungshilfe – Hundepfeife: Was spricht für die Hundepfeife?

Anstelle des Hörzeichens »Hier« können Sie einen Pfiff auf der Hundepfeife einsetzen, um den Hund zu sich zu rufen. Die Hundepfeife hat den Vorteil, dass sie weiter zu hören ist als die Stimme und dass die »Betonung« immer gleich bleibt. Der Hund muss aber erst, wie beim Hörzeichen »Hier«, auf ihren Ton konditioniert werden (→ Seite 134), denn er kommt nicht automatisch, wenn Sie pfeifen!
Ich habe leider immer wieder die Erfahrung gemacht, dass Hundehalter, die die Pfeife einsetzen, oft keinen Sichtkontakt mehr zu ihren frei laufenden Hunden halten, da sie sich auf die weit tragende Wirkung der Pfeife verlassen. Die Hunde gehen dann fast ausschließlich ihrem Jagdvergnügen nach.

154. Erziehungshilfe – Konditionierung auf die Hundepfeife: Wie lernt der Hund, auch auf Pfiff zu kommen?

Ist der Hund auf den Ton der Pfeife konditioniert, dann löst dieser Pfiff beim Hund den gleichen Befehlsreiz aus wie das Hörzeichen »Hier«. Das heißt, auf diesen Pfiff soll der Hund sofort zu Ihnen kommen. Sie haben zwei Möglichkeiten, dies Ihrem Hund beizubringen:
➤ Praktischerweise kombinieren Sie gleich das Hörzeichen »Hier« mit dem Pfiff auf der Pfeife, wenn Sie Ihrem Hund erstmals »Hier« beibringen. Gehen Sie

genauso vor, wie auf Seite 134 beschrieben. Hinzu kommt nur, dass Sie unmittelbar nach dem Hörzeichen »Hier« einen zwei Sekunden langen Pfiff ertönen lassen.

➤ Sie konditionieren den Hund über Futter auf die Pfeife. Bei einem »guten Fresser« bietet sich dies nahezu an. Wenn der Hund bisher gewohnt war, schon bei der Futtervorbereitung erwartungsfroh dabei zu sein, hält ihn jetzt ein anderes Familienmitglied in einem anderen Raum (!) davon ab. Er kommt erst frei, wenn Sie mit der Vorbereitung fertig sind und den Hund mit »Hier« rufen. Fast gleichzeitig lassen Sie einen Pfeifton (zwei Sekunden) hören. Den Pfiff wiederholen Sie in Abständen so lange, bis der Hund bei Ihnen an der Futterschüssel angekommen ist.

Sie können Ihren Hund statt mit dem Hörzeichen »Hier« auch mit der Pfeife heranrufen. Wenn es klappt, sofort loben.

155. Erziehungshilfe – Leinen: Es gibt verschiedene Leinen. Wie setze ich sie bei der Erziehung richtig ein?

Für den lockeren Spaziergang in Verkehrsbereichen nehme ich eine der Größe des Hundes angepasste Führleine bis zu drei Metern Länge, das heißt, für einen großen Hund eine Drei-Meter-, für einen kleinen Hund eine Zwei-Meter-Leine. Sie kann bei fortschreitender Erziehung auch bis fünf Meter lang sein. Zur idealen Absicherung des Hundes im freien Feld dient die fünf bis zehn Meter lange Feldleine. Sie kann genauso wie die Fünf-Meter-Leine auch als

Schleppleine (→ unten) eingesetzt werden. Alle Leinen über drei Meter Länge müssen am Boden schleifend nur an der Handschlaufe gehalten werden, weil der Hund in der Lage sein muss, im lockeren Bereich der Leine Fehler zu machen. An der strammen Leine ist ein Lernprozess nicht möglich, weil Sie ihm dann mit der Leine kein Signal geben können.

Für Gehorsamsübungen bewähren sich einen Meter lange, leichte Leinen oder zwei bis 2,20 Meter lange Doppelleinen, die schnell auf einen Meter verkürzt werden können, denn damit haben Sie Ihren Hund gut unter Kontrolle.

156. Erziehungshilfe – Schleppleine: Was versteht man unter einer Schleppleine?

Schleppleinen sind fünf bis zehn Meter lang und je nach Größe des Hundes sechs bis zehn Millimeter dick, damit der Hund sich der Leine möglichst wenig bewusst ist. Im lockeren Bereich dieser Leine lernt der Hund alle Gehorsamsübungen, die er beim späteren Freilauf beherrschen soll. Am Ende der Ausbildung ist die Leine nicht mehr in der Hand des Ausbilders, sondern der Hund »schleppt« sie nach. Die Arbeit mit der Schleppleine verlangt viel Konsequenz und Geduld, ist jedoch sehr erfolgversprechend.

157. Grunderziehung – Hund aus Tierheim:
Ich möchte mir einen Hund aus dem Tierheim zulegen. Kann ich ihn noch erziehen, wenn er keine Grunderziehung genossen hat?

Für Hunde ist erzogen zu werden keine Frage des Alters. Daher gelten für Hunde aus dem Tierheim die gleichen Erziehungsregeln wie für Hunde, die man selbst aufzieht. Natürlich wird man es mit einem bereits erwachsenen, schlecht oder gar nicht sozialisierten Hund schwer haben, und oft wird die Erziehung nicht ohne die Hilfe eines guten Hundetrainers zu bewerkstelligen sein. Diese Hunde haben zwar oft mehr oder weniger Defizite aus ihrer früheren Prägungszeit, die sie – was die Erfahrung aus der Umwelt betrifft – kaum mehr nachholen können, aber lernen können und wollen sie immer noch gern. Mit ausreichendem Wissen und mit Liebe, Geduld und Konsequenz schaffen Sie es bestimmt.

Übrigens: Was für den Hund aus dem Tierheim gesagt wurde, gilt auch für Hunde aus zweiter Hand oder für halbverwilderte Straßenhunde aus dem Ausland.

158. Grundstellung: **Was versteht man unter der sogenannten Grundstellung?**

Als Grundstellung bezeichnet man die Position des Hundes, wenn er korrekt, das heißt gerade und nah, an Ihrer linken Seite sitzt oder nach dem Kommando »Platz« liegt. In der Regel beginnen und enden im Hundesport viele Gehorsamsübungen nach den jeweiligen Prüfungsordnungen mit der Grundstellung. Sie hat den Vorteil, dass der Hund dabei mit seiner ganzen Aufmerksamkeit auf Sie fixiert ist und nicht erst dazu motiviert werden muss. Er hat gelernt, dass er jetzt konzentriert zu folgen hat.

EXTRATIPP

Hörzeichen richtig einsetzen
Verwenden Sie immer nur ein bestimmtes Hörzeichen für eine bestimmte Übung. Nur so kann Ihr Hund Befehl und Ausführung miteinander verknüpfen. Wenn Sie nämlich bei der gleichen Übung einmal »Hier« rufen und ein anderes Mal »Komm«, könnte Ihr Hund Probleme mit dem Herankommen haben. Am besten eignen sich ein- bis zweisilbige Hörzeichen. Vermeiden Sie ähnlich klingende Hörzeichen, weil sie der Hund verwechseln könnte.

159. Hörzeichen »Fuß«: Wann beginnt man mit dem Kommando »Fuß«?

Diese Art von Übungen setzt schon eine höhere Konzentrationsfähigkeit des jungen Hundes voraus, die man je nach Rasse ab dem fünften bis sechsten Lebensmonat erwarten kann. Lassen Sie ihn die Fuß-Übungen an Ihrer linken Seite ausführen, weil dies bei einer eventuell späteren Gehorsamsprüfung so verlangt wird. Wenn wirklich keine Prüfung für Sie infrage kommt, können Sie Ihren Hund natürlich auch rechts führen. Alle Familienangehörigen sollten sich dann aber auch daran halten.

160. Hörzeichen »Hier« gezielt lernen: Wie kann ich dem Hund ganz gezielt beibringen, auf das Hörzeichen »Hier« zu kommen?

Dazu brauchen Sie einen Helfer, der den Hund an der Leine halten soll, während Sie sehr schnell von beiden weglaufen. Je schneller und weiter Sie sich vom Hund entfernen, umso besser wirkt die »Vereinsamung«. Nachdem Sie sich zum Hund umgewendet haben, gehen Sie in die Hocke und rufen aufmunternd seinen Namen und das Hörzeichen »Hier«. Daraufhin gibt der Helfer den Hund frei. Während (!) Ihr Hund eifrig auf Sie zuläuft, wieder-

EXTRATIPP

»Hier« oder »Komm«?
Wenn Sie wollen, dass der Hund zu Ihnen kommt, können Sie sowohl »Hier« als auch »Komm« rufen, denn das Wort ist dem Hund egal. Wenn Sie später aber eine Begleithundeprüfung ablegen wollen, schreibt die Prüfungsordnung das Hörzeichen »Hier« vor. Haben Sie Ihren Hund aber mit »Komm« erzogen, müssten Sie ihn umstellen.

holen Sie zwei- bis dreimal das Hörzeichen »Hier«, damit der Hund das, was er gerade tut, mit dem »Hier« in Verbindung bringt. Hat Sie der Hund erreicht, loben Sie ihn freudig und belohnen ihn. Er muss dieses »Hier« immer als etwas Positives erleben. Deshalb dürfen Sie ihn nie mit »Hier« zu sich rufen, um ihn zu bestrafen. Dieser Zeitpunkt wäre dann auch schon zu spät für eine Bestrafung, denn diese muss im direkten Anschluss an das unerwünschte Verhalten des Hundes folgen.

161. Hörzeichen »Hier« spielerisch lernen: Wie gewöhne ich den Hund spielerisch an das Hörzeichen »Hier«?

Das geht einfach, indem Sie sein natürliches Verhalten ausnutzen. Bei einer einigermaßen intakten Bindung sucht Ihr Hund immer wieder den Kontakt mit Ihnen. Immer wenn er also von sich aus freudig auf Sie zuläuft, gehen Sie schnell in die Hocke, rufen mit interessanter Stimme seinen Namen, verbunden mit einem hellen und etwas lang gezogenen »Hier«, klatschen aufmunternd in die Hände und empfangen ihn mit ausgebreiteten Armen. Wenn er da ist, bekommt er sofort unter lobenden Worten ein Leckerchen.

162. Hörzeichen »Nein«: Wann ist in der Erziehung ein »Nein« angebracht?

Ich verwende das »Nein« quasi als vorbeugende »Notbremse«, wenn mein Hund gerade im Begriff ist, etwas Unerwünschtes zu unternehmen. Ich zeige ihm also mit diesem drohenden, »sozio-negativ« belegten Hörzeichen (→ Seite 136), dass ich mit seinem gerade begonnenen Verhalten nicht einverstanden bin.
Das von einigen Ausbildern scharf ausgesprochene »Lass das« ist mir zu lang, außerdem kann man es im Tonfall zu wenig variieren.

Der Hund muss frühzeitig lernen, dass nur weitergespielt wird, wenn er sein Spielzeug wieder hergibt.

163. Hörzeichen »Pfui«: Kann ich die Hörzeichen »Pfui«, »Nein« und »Aus« alternativ verwenden?

Ich setze die Hörzeichen nicht alternativ ein. Vielmehr ist »Pfui« bei mir eine Steigerung, eine Verschärfung von »Nein«. Während ich mit »Nein« den Hund warne, etwas Unerlaubtes zu tun, soll ihn das Hörzeichen »Pfui« veranlassen, dieses unerwünschte Verhalten sofort abzubrechen. So sage ich zum Beispiel »Pfui«, wenn der Welpe gerade im Begriff ist, unerlaubte Gegenstände oder während des Spaziergangs unappetitliche Dinge aufzunehmen. Beachtet Ihr Hund das »Pfui« nicht, dann gehen Sie ruhig zu ihm hin, nehmen ihn am Halsband, sagen nachdrücklich »Pfui« und rucken seiner Härte (→ Seite 57) entsprechend strafend am Halsband. Sobald er den Gegenstand auslässt, loben Sie ihn sehr und geben ihm ein Leckerchen oder im Austausch sein Lieblingsspielzeug.

Wenn ein Hund hauptsächlich auf Spaziergängen dazu neigt, unerlaubte Dinge aufzunehmen, müssen Sie ihn für längere Zeit ausnahmslos an der Leine behalten, um rechtzeitig einwirken zu können.

Was ist nun der Unterschied zum Hörzeichen »Aus«? Das Hörzeichen »Pfui« setze ich ein, wenn der Hund etwas Verbotenes hergeben soll, während ich das Hörzeichen »Aus« zum Beispiel beim Abschluss einer Apportier-Übung verwende. Auf »Aus« übergibt Ihnen der Hund freudig den Gegenstand, den er auf Ihr Kommando hin geholt hat. Dagegen gibt er den verbotenen Gegenstand ja nicht gern her.

164. Hörzeichen – Stimme: Muss man bei den Hörzeichen auch auf die Betonung achten?

Bei den Hörzeichen macht der Ton die Musik. Denn mit entsprechender Stimme können Sie eine bestimmte Stimmung auf den Hund übertragen. Hörzeichen, die beim Hund ein bestimmtes Tun auslösen sollen, müssen positiv (aufmunternd, bestätigend etc.) gefärbt sein. Sprechen Sie in diesem Fall mit höherer Stimme, als wenn Sie drohen. Der Hund soll ja motiviert reagieren. Dagegen müssen Befehle, die ein unerwünschtes Verhalten des Hundes verhindern oder abbrechen sollen, ganz klar durch ihren negativ klingenden Ton Ihre Unzufriedenheit (sozio-negatives Verhalten, → Seite 24) ausdrücken. So wird ein emotionslos gefärbtes, lang gezogenes »Plaaaatz« den Hund kaum zum schnellen Hinlegen animieren und ein hektisch geäußertes »Plattttz« in einer Gefahrensituation dem Hund keine Ruhe vermitteln.

165. Kommunikation: Wie kommuniziere ich richtig mit meinem Hund?

Hunde verständigen sich primär über Körpersprache, Mimik und Bewegungen (nonverbale Kommunikation), während der Mensch vorwiegend über seine Stimme (verbal-akustische Kommunikation) und leider nur sehr spärlich über die Körpersprache mit dem Hund kommuniziert. Bei der Erziehung ist die Körpersprache jedoch sehr nützlich, um akustische Befehle optisch zu unterstützen. Körpersprache und Sichtzeichen fördern außerdem die Aufmerksamkeit des Hundes. Und sie ist die Grundvoraussetzung, dass Sie mit dem Hund in Kontakt treten können.

➤ Die Körpersprache muss zum Tonfall des Befehls passen.

➤ Mehrmalige Wiederholungen eines Befehls stumpfen den Hund ab.

➤ Der Hund braucht kurze und deutliche Befehle.

➤ Kommandos versteht der Hund auch, wenn sie leise gesprochen werden.

➤ Allein die Betonung erzeugt den eventuell nötigen »Nachdruck«.

166. Rangordnung – Alter Hund/neuer Hund: **Wir haben zusätzlich zu unserem alten Rüden Caro noch einen zweijährigen Rüden aus dem Tierheim aufgenommen. Beide vertragen sich miteinander. Bleibt Caro der Chef?**

Das müssen die beiden Hunde unter sich ausmachen. Unterstützen Sie nicht aus Sympathie den alten Hund, sondern immer den, der sich durchsetzen kann. Halten Sie bis zur Klärung der Rangordnung immer ein ausreichendes Gefäß mit Wasser bereit, das Sie auch schon bei einem harmlosen Streit mit einem donnernden »Nein« über ihre Köpfe schütten. Beim Auftrocknen des Wassers ignorieren Sie die beiden Streithälse völlig. Wenn Sie bei fast gleich starken Rüden an eine Kastration denken, dann lassen Sie den etwas schwächeren Rüden kastrieren und nicht den stärkeren. Um den Frieden zu erhalten, müssen Sie den dominanteren Hund in allen Lebensbereichen achten und bevorzugen. Dabei darf er sich Ihnen gegenüber aber nicht auch als Chef aufspielen.

167. Üben – Dauer: **Wie lange sollte ich jeweils eine Aufgabe mit dem Hund üben?**

Ich selbst hasse Wiederholungen, und deshalb will ich diese auch meinen Hunden so weit wie möglich ersparen. Wenn wir zusammen etwas Neues lernen, dann erarbeiten wir uns diese Aufgabe in einzelnen Schritten und hören auch mal mit einem Teilerfolg auf, wenn ich merke, dass der junge Hund müde wird. Hat er die Aufgabe ganz begriffen und erfüllt er sie auch an anderen Orten im Haus, »übe« ich nicht mehr mit dem Hund, sondern wende das Gelernte an, indem ich es in den normalen Tagesablauf einbaue. Vor jeder Überquerung der Straße sich hinzusetzen macht dem Hund nämlich mehr Spaß, als auf einem Übungsplatz so lange »Sitz« und »Platz« wiederholen zu müssen, bis er keine Lust mehr hat.

168. Üben – Ort: Wo bringe ich dem Hund am leichtesten neue Übungen bei?

Etwas Neues übt man mit dem Hund an einem Ort, der vollkommen ablenkungsfrei ist. Das ist zunächst die Wohnung oder das Haus. Selbst auf einer Wiese, ohne andere Menschen oder Hunde, kann der Hund durch vielerlei Fremdgerüche und andere Reizlagen abgelenkt werden. Der Hund muss sich voll auf Sie konzentrieren können. Sobald er jedoch die Übung begriffen hat, müssen Sie für deren Vertiefung den Trainingsort laufend wechseln, weil Hunde Neues, das sie gerade lernen, automatisch mit dem Ort verbinden, an dem sie es gelernt haben (Räumliches Lernen, → Seite 36 und 43). Verlangen Sie zunächst die neue Übung in verschiedenen Räumen des Hauses oder der Wohnung, wobei Sie die unterschiedlichsten Ablenkungen wie Musik, Staubsauger oder spielende Kinder einbauen. Dann sollten Sie im Garten oder vor dem Haus üben, beim Spaziergang und endlich auch im Umfeld fremder Menschen und anderer Hunde.

169. Übung »Alleinbleiben«: Wie lernt mein Hund, dass er hin und wieder allein bleiben muss?

Vermeiden Sie vom ersten Tag an, dass Ihnen Ihr Hund überallhin folgen kann, zum Beispiel ins Badezimmer. Gewöhnen Sie ihn sofort daran, dass Sie einen Raum ohne ihn verlassen und die Tür hinter sich schließen, sodass er kurz allein bleiben muss.

Anfängliche Proteste des Hundes ignorieren Sie. Wenn er sich ruhig verhält, betreten Sie den Raum nach entsprechender Zeit wieder, ohne aber den Hund zu beachten. Wenn der Hund problemlos allein in einem Raum bleibt, dann verlassen Sie erstmals kurz die Wohnung, etwa um die Post zu holen oder den Müll wegzubringen. Hören Sie den Hund hinter der Tür jaulen, dann warten Sie mit der Rückkehr so lange, bis er damit kurz aufgehört hat. Mit der Zeit bleiben Sie immer länger weg. Bei Abwesenheit über drei Stunden muss sich ein Hundesitter um den Hund kümmern.

Wichtig: Wenn Sie weggehen, egal ob für kurze Zeit oder länger, dann tun Sie es ohne Vorbereitung und vor allem ohne Verabschiedung von Ihrem Hund. Sie gehen einfach! Auch beim Zurückkommen beachten Sie den Hund nicht. Erst nach einiger Zeit rufen Sie ihn zu sich und beschäftigen sich mit ihm.

170. **Übung »Apportieren«: Wie bringe ich meinem Hund am besten bei, dass er Gegenstände zu mir bringt (apportiert)?**

Das befohlene Bringen eines Gegenstandes ist von einigen Voraussetzungen abhängig. Der Hund muss

EXTRATIPP

Das Alleinsein erleichtern

Sorgen Sie dafür, dass der Hund gefüttert wurde und genügend Auslauf und Beschäftigung hatte, bevor Sie ihn für längere Zeit allein lassen. Wenn er es gewöhnt ist, lassen Sie das Radio leise spielen. Ein gebrauchtes Kleidungsstück mit Ihrem Geruch ist oft eine gute Hilfe. Um den Hund von dem Moment Ihres Weggehens abzulenken, hilft ein interessanter Kauknochen sehr. Außerdem dürfen Sie ihn nicht zusehen lassen, wie Sie sich zum Weggehen vorbereiten.

folgende Übungen beherrschen: »Sitz und Bleib«, »Hier« und Vorsitzen, und er muss gelernt haben, den Gegenstand festzuhalten. Bei der Apportierübung sitzt der Hund frei an Ihrer linken Seite, und Sie werfen einen Gegenstand nach vorne weg. Der Hund darf erst auf das Hörzeichen »Bring« oder »Hol« dem Gegenstand nacheilen, ihn zurückbringen, sich vorsetzen und auf das Kommando »Aus« den Gegenstand wieder hergeben. Auf das Kommando »Fuß« setzt sich der Hund wieder an Ihrer linken Seite ab. Der genaue Lernvorgang ist so komplex, dass er in diesem Buch nicht genau beschrieben werden kann. Sie lernen diese Disziplin mit Ihrem Hund in speziellen Apportierkursen, die von Retriever-Vereinen häufig angeboten werden (→ Adressen Seite 254).

171. Übung »Fuß«: Wie lernt mein Hund zunächst, die Fuß-Position im Stand einzunehmen?

Bei dieser Übung soll sich der Hund auf das Hörzeichen »Fuß« an die linke Seite des stehenden Hundehalters begeben und dort auf Befehl absitzen. Zum Erlernen locken Sie den angeleinten, vor Ihnen stehenden, hungrigen Hund mit einem Leckerchen in der linken Hand in einem Bogen entgegen dem Uhrzeigersinn in die Fuß-Position. Sein Kopf befindet sich nun auf Höhe Ihres linken Beines.
Sobald er durch geschicktes Hantieren mit dem Leckerchen eng an Ihrem linken Bein steht, halten Sie das Leckerchen knapp über seinen Kopf, heben den Arm und bringen den Hund so in die Sitzposition. Gleichzeitig bekommt er den Happen. Erst wenn der Hund eifrig die Fuß-Position anstrebt, bauen Sie das Hörzeichen »Fuß« mit ein.
Die Übung »Gehen bei Fuß« (→ Seite 144) darf erst begonnen werden, wenn der Hund zuverlässig aus verschiedensten Positionen in die Fuß-Position im Stand gerufen werden kann.

WICHTIGE GRUNDREGELN FÜR

Nicht wenige Hunde gehorchen nur auf dem Übungsplatz, weil ihre Besitzer das in der Hundeschule Gelernte nicht in die Praxis umsetzen. Einmal in der Woche arbeiten sie konsequent und motiviert in der Hundeschule oder im Verein. Den

➤ Vor dem Üben den Hund bitte nicht füttern. Er darf nicht nur Appetit haben, sondern er muss hungrig sein.

➤ Machen Sie sich vor der Übung einen genauen Plan, wie Sie bei der nächsten Aufgabe vorgehen wollen. Klären Sie vorher, welche Fehler des Hundes Sie bei der folgenden Übung herausarbeiten wollen.

➤ Der Hund darf das Lernen oder Üben nie mit Zwang oder Schmerz verbinden.

➤ Auch die schwierigste Aufgabe muss ihm über positive Verstärkung (→ Seite 124) Lust bereiten. Nur über Trieberfüllung Gelerntes will der Hund immer wieder freudig wiederholen.

➤ Ein positives Umfeld und eine stressfreie Atmosphäre machen das Lernen leichter.

➤ Arbeiten Sie nicht mit Ihrem Hund, wenn Sie unter Zeitdruck stehen, gestresst oder verärgert sind. Ihre schlechte Stimmung überträgt sich auf den Hund.

➤ Eine Übung oder ein geplanter Teil davon kann nur gelingen, wenn Sie genau wissen, was Sie erreichen wollen, und wenn Sie in Ihren Aktionen Ihrem Hund immer einen Schritt voraus sind.

➤ Wecken Sie durch Motivation das »Wollen« des Hundes, bauen Sie zwischen sich und dem Hund Spannung auf und erhalten Sie diese während der ganzen Übung aufrecht.

➤ Der geistige Faden zwischen Mensch und Hund darf während der Übung nicht abreißen.

➤ Bringen Sie dem Hund neue Dinge immer erst ohne Ablenkung bei.

ERFOLGREICHES ÜBEN

Rest der Woche hat der Hund »frei«. Wendet man hingegen das in der Schule Gelernte in der Praxis an, wirkt es wie häufiges Üben.

➤ Arbeiten Sie nicht mit einem akut erkrankten Hund (Durchfall, Fieber usw.). Mit einem chronisch kranken Hund (Arthrose, Herz usw.) kann man entsprechend seiner Leistungsfähigkeit üben.

➤ Schwierige Übungen müssen in Etappen geübt werden. Erst wenn die einzelnen Schritte perfekt funktionieren, werden sie zur Gesamtübung zusammengebaut.

➤ Beenden Sie jede Übungseinheit mit einer Übung, die dem Hund Trieberfüllung garantiert, weil er sie schon kann. Der Hund sollte nie ohne Erfolg vom Platz gehen.

➤ Schimpfen Sie nicht auf den Hund, wenn er etwas nicht begreift, sondern überprüfen Sie erst sich selbst. Vielleicht haben ja Sie etwas verkehrt gemacht. Bauen Sie dann die Übung noch einmal von vorne auf und üben Sie geduldig Schritt für Schritt.

➤ Übungen, die der Hund schon kann, müssen sofort im Tagesablauf in der Praxis angewandt werden, weil sie nur dort Sinn machen, und so mit dem Hund tagsüber regelmäßig geübt werden, ohne dass er es merkt.

➤ Bei der Praxisanwendung erlebt der Hund automatisch Korrekturen, Wiederholungen und im Erfolgsfall Lob und Trieberfüllungen über variable Belohnungen.

➤ Alle Familienmitglieder müssen beim Üben nach dem gleichen System vorgehen, wenn sie sich mit dem Hund beschäftigen wollen.

172. Übung »Gehen bei Fuß angeleint«: Wie bringe ich meinem Hund bei, angeleint bei Fuß zu gehen?

Voraussetzung ist, dass Ihr Hund Ihnen ohne Leine folgt (→ Seite 109), an der lockeren Leine mitgeht (→ Seite 99) sowie die Übungen »Sitz« (→ Seite 148) und »Bleib« (→ Seite 204) beherrscht. Lassen Sie den angeleinten Hund zu Beginn in der Grundstellung (→ Seite 133) links von Ihnen absitzen. Die etwas geraffte, einen Meter lange Leine halten Sie zusammen mit einem Leckerchen in der rechten Hand, während die linke Hand die quer vor Ihrem Körper verlaufende Leine in der Nähe des Halsbandes hält.

Sagen Sie nun mit fester Stimme den Namen des Hundes zusammen mit dem Hörzeichen »Fuß« und gehen Sie mit dem linken Fuß im normalen Schritt los. Sobald der Hund locker und freudig einige Schritte geradeaus mitgeht, bauen Sie kurze Rechts- oder Linkswendungen ein und wechseln auch einige Male das Lauftempo. Wenn Sie wieder in die entgegengesetzte Richtung gehen wollen, laufen Sie einen vollen Kreis nach rechts oder nach links. Nach einer kurzen Geradeausstrecke halten Sie an und verlangen von Ihrem Hund das »Sitz« in der Grundstellung. Als Belohnung bekommt er das Leckerchen aus der rechten Hand.

173. Übung »Hier«: Was ist bei der Übung »Hier« zu beachten?

Auf »Hier« soll der Hund schnell zu Ihnen kommen. Belohnen Sie anfangs für längere Zeit nur sein schnelles Kommen mit einem Leckerchen, ohne dass er vorsitzen (→ Seite 150) muss. Erst wenn der Hund zuverlässig schnell herankommt, bauen Sie das Vorsitzen als nächsten Schritt der Übung mit ein. Belohnen Sie ihn dann erst, wenn er korrekt absitzt. In dieser Phase können Sie den Hund anleinen oder wieder entlassen.

Der dritte Teil dieser Übung – der Hund sitzt in Grundstellung an Ihrer linken Seite – wird erst bei einer sportlichen Unterordnungs-Prüfung verlangt, ist also für einen Familienhund nicht unbedingt nötig.

174. Übung – Kontakt an der Leine: Wie bringe ich meinem Hund bei, dass er an der Leine andere Hunde nicht beachten darf?

Bitten Sie dafür einen zweiten Hundehalter, mit seinem Hund mitzuüben. Zu Beginn machen beide ihre Hunde mit Leckerchen auf sich aufmerksam. Passen Sie die Entfernung zueinander dem Können der Hunde an, sie dürfen nicht durch den Artgenossen abgelenkt werden. Während Sie mit Ihrem Blickkontakt haltenden Hund stehen bleiben, geht der andere Hundehalter mit seinem Hund herum. Konzentriert sich Ihr Hund weiterhin auf Sie, belohnen Sie ihn. Mit der Zeit wird der Abstand zwischen den beiden Teams verkleinert, wobei der sitzende Hund dies ganz gelassen hinnehmen muss. Wichtig: Wechseln Sie immer mal wieder die Rollen.

175. Übung »Leinenführigkeit«: Worauf muss ich achten, wenn ich meinem Hund beibringen will, locker an der Leine zu gehen?

Das lockere Gehen an der Leine verlange ich bei meinen Hunden in Verkehrsbereichen, zum Beispiel innerhalb der Stadt oder an verkehrsreichen Straßen, damit sie dort abgesichert mit mir gehen. Dazu benutze ich je nach Größe des Hundes eine zwei bis drei Meter lange Leine. Bei dieser Gangart hat der Hund genügend Spielraum, um schnuppern oder sich lösen zu können. Im Bereich dieser Leine darf er alles, nur nicht zerren. Von klein auf muss der Hund lernen, dass der Mensch die Ganggeschwindigkeit und die Richtungen bestimmt, wenn er angeleint ist

(→ auch Seite 98). Das hat aber noch nichts mit dem korrekten Gehen bei Fuß (→ Seite 144) zu tun.

176. Übung »Nein«: Wie gehe ich vor, dass mein Hund das »Nein« befolgt?

Sie lassen Ihren Hund vorsitzen (→ Seite 150). In beiden noch geschlossenen Händen halten Sie wunderbar duftende Leckerchen. Beim Öffnen der linken Hand wird sich der Hund sofort das Leckerchen schnappen wollen. Das darf ihm aber nicht gelingen, deshalb schließen Sie die Hand sofort wieder mit einem gleichzeitigen strengen »Nein«. Dies wiederholen Sie so lange, bis der Hund allein auf das »Nein« die offene Hand mit dem Leckerchen respektiert. Dafür belohnen Sie ihn mit dem Leckerchen aus der rechten (!) Hand.

Bei allen anderen Situationen, in denen Sie das Hörzeichen »Nein« geben (→ Seite 136), loben Sie den Hund sofort zur Bestätigung oder geben ihm ein Leckerchen, wenn er das Hörzeichen befolgt hat.

177. Übung »Platz«: Wie bringe ich dem Hund das »Platz« bei?

Voraussetzung für diese Übung ist, dass der Hund die Übung »Sitz« beherrscht. Der angeleinte, hungrige Hund sitzt links von Ihnen. Während Sie in die Hocke gehen, legen Sie

---

EXTRATIPP

Unerwünschtes Verhalten im Entstehen verhindern
Wenn Sie am Verhalten des Hundes erkennen, dass er im Begriff ist, etwas Unerwünschtes zu tun, dann sollten Sie dieses Verhalten unterbrechen. Dazu lenken Sie ihn mit etwas ab, das er sehr gern tut oder haben will. Das heißt, Sie machen ihn auf sich aufmerksam und motivieren ihn zum Beispiel zu einem Spiel.

Ihre freie linke Hand leicht auf sein sitzendes Hinterteil. Mit der rechten Hand führen Sie ein Leckerchen von der Nase des Hundes gerade zum Boden und ziehen es am Boden entlang von ihm weg. Um das Leckerchen zu erreichen, muss sich der Welpe strecken, denn am Aufstehen hindert ihn ja Ihre Hand. So geht er in die Platzlage. Während er mit dem Bauch den Boden berührt, sagen Sie »Platz«. Loben Sie ihn sofort ausgiebig und geben Sie ihm das angestrebte Leckerchen. Etwa drei Sekunden versuchen Sie ihn durch Streicheln und mit dem Hörzeichen »Bleib« am Aufstehen zu hindern. Dann entlassen Sie ihn wieder, zum Beispiel mit dem Hörzeichen »Lauf«.

178. Übung »Platz und Bleib«: Wie lernt der Hund »Platz und Bleib«?

Der Hund muss die Übung »Sitz« und »Platz« in der Grundstellung schon sicher beherrschen. Indem Sie den an der lockeren Zwei-Meter-Leine sitzenden Hund mit der linken Hand vor seinem Gesicht bremsend am Mitgehen hindern, sagen Sie mit bestimmtem Ton »Bleib«, gehen langsam circa zwei bis drei Schritte nach vorne weg und bleiben in Front zum Hund ruhig stehen. Die Leine darf sich nicht spannen. Wenn notwendig, wiederholen Sie ruhig »Bleib« und »Platz« und gehen nach circa drei bis vier Sekunden zurück in die Grundstellung. Nach einer Pause von etwa drei Sekunden belohnen Sie den Hund. Erst wenn der Hund in der Folgezeit auf die Entfernung von circa drei Schritten sicher liegen bleibt, erweitern Sie die Entfernung allmählich.

179. Übung »Richtig an- und ableinen«: Wie leine ich meinen Hund richtig an und ab?

Das Anleinen des Hundes während eines Spaziergangs muss oft sehr schnell geschehen, um den Hund unter

Kontrolle zu bringen. Es darf daraus keine minuten-lange Fummelei entstehen, weil der Hund schon sehr unruhig ist. Das schnelle und daher sichere An- und Ableinen muss geübt sein und klappt am besten, wenn sich der Hund in der Sitzposition befindet, ohne von Ihnen wegzustreben. Er muss die Übung »Sitz« also schon beherrschen. Des Weiteren ist wichtig, dass beim Anleinen die Leine griffbereit ist und nicht erst total verwickelt aus irgendeiner Tasche gekramt werden muss. Man kann sich die Leine zum Beispiel umhängen.

Das Ableinen geschieht ebenfalls aus der Sitzposition und bei lockerer Leine. Nach dem Ausklinken der Leine hat der Hund so lange im Sitz zu warten, bis Sie die Leine sicher über der Schulter hängend verstaut haben und ihm die Erlaubnis »Lauf« gegeben haben. Beim Freilauf des Hundes sollten Sie die Hände frei haben, um nötigenfalls schnell reagieren zu können.

180. Übung »Sitz«: Wie lernt der Hund das »Sitz«?

Gehen Sie vor dem Welpen in die Hocke, und halten Sie dem hungrigen, angeleinten Hund ein Leckerchen so motivierend vor seine Nase, dass er es gierig errei-chen will. Dann ziehen Sie den Leckerbissen schnell

---

EXTRATIPP

Einen Befehl auflösen

Ein gegebener Befehl muss vom Hund so lange befolgt wer-den, bis dieser von Ihnen wieder aufgelöst wird. Der Hund darf sich auf keinen Fall angewöhnen, einen gegebenen Befehl wie »Sitz« oder »Platz« zwar schnell auszuführen, aber dann selbst zu bestimmen, wann er wieder aufsteht. Zur Auflösung eines Befehls sollte man immer das gleiche Wort benutzen, welches er mit keinem anderen Befehl verwechseln kann, etwa »Lauf«, »Okay« oder »Ab«.

über den Kopf des stehenden Hundes hoch, sodass es für ihn bequemer ist, sich hinzusetzen, um das Leckerchen zu erreichen. Gleichzeitig, während er sich hinsetzt (nicht vorher und nicht nachher), sagen Sie deutlich »Sitz«. Sowie der Welpe sitzt, bekommt er mit lobenden Worten das Leckerchen. Durch ruhiges Streicheln hindern Sie ihn am sofortigen Aufstehen, sagen Sie dabei wiederholt »Bleib«. Anfangs lösen Sie die Sitzposition nach etwa drei Sekunden mit den Worten »Lauf« wieder auf. Mit zunehmendem Alter muss der Hund immer länger sitzen bleiben, auch ohne gestreichelt zu werden.

181. Übung »Sitz und Bleib«: Wie lernt der Hund das »Sitz und Bleib«?

Der Hund beherrscht die Übung »Sitz« schon sicher und sitzt an der lockeren Zwei-Meter-Leine an Ihrer linken Seite. Sie halten ihm die linke Handfläche wie bremsend vor sein Gesicht und entfernen sich mit dem Hörzeichen »Bleib«, indem Sie langsam ein bis zwei Schritte vor ihm rückwärtsgehen. Die Leine muss locker durchhängen. Während Sie in Front zum Hund stehen bleiben, wiederholen Sie das »Bleib, Sitz, Braav« nur im äußersten Notfall, wenn der Hund unruhig wird. Nach drei bis vier Sekunden gehen Sie zügig zurück in die Grundstellung und bleiben rechts neben dem sitzenden Hund noch etwa drei Sekunden stehen. Dann loben Sie den Hund und entlassen ihn mit »Lauf« aus der Sitzstellung.
Wenn der Hund in der Folgezeit auf die kurze Entfernung sicher sitzen bleibt, wird die Entfernung schrittweise vergrößert – anfangs an der langen Leine, später auch ohne Leine –, bis Sie sich etwa 20 Schritte vom abgeleinten Hund entfernen können und er etwa 20 Sekunden ruhig sitzen bleibt, bevor Sie wieder zurück in die Grundstellung gehen. Wenn er noch sicherer ist, können Sie eine andere Person bitten, zwischen Ihnen und dem Hund als Ablenkung durchzugehen.

182. Übung »Still«: Unser Hund bellt sehr gern. Kann ich ihm befehlen, ruhig zu sein?

Es gibt rassebedingt bellfreudige und bellfaule Hunde. Freuen Sie sich, wenn Ihr Hund zu den Letzteren gehört. Gerade kleinere Hunde sind im Bellen oft sehr ausdauernd. Nur durch frühzeitige und konsequente Erziehung können Sie dieses auch für die Nachbarn lästige Verhalten einigermaßen in Grenzen halten. Unterbinden Sie schon beim kleinen Welpen sinnloses Bellen, indem Sie ohne etwas zu sagen zu ihm hingehen und ihm schnell mit der Hand über die Schnauze greifen und gleichzeitig ruhig, aber nachdrücklich »Still« sagen. Der Schnauzengriff (→ Seite 88) muss beeindruckend, aber nicht schmerzhaft für den Welpen sein, er darf ihn also nicht als Lob empfinden.

183. Übung »Vorsitzen lassen«: Warum soll ich meinen Hund vorsitzen lassen?

Das sogenannte Vorsitzen des Hundes gehört zu den klassischen Gehorsamsübungen, die alle nötig sind,

1 Sie animieren den Hund, sich zu setzen, wenn Sie ein Leckerchen vor seiner Nase nach oben ziehen. So erreicht er es besser.

2 Während sich Ihr Hund hinsetzt, sagen Sie das Hörzeichen »Sitz« und geben ihm seine verdiente Belohnung.

damit Ihr Hund in der Öffentlichkeit nicht negativ auffällt und Sie ihn jederzeit unter Kontrolle haben. Auf das Hörzeichen »Hier« (→ Seite 144) soll der Hund zügig und gezielt zu Ihnen kommen, soll sich frontal vor Sie hinsetzen und mit Ihnen Blickkontakt aufnehmen. Mit diesem aufmerksamen Verhalten, dem sogenannten Vorsitzen, zeigt der Hund die Bereitschaft, weitere Befehle auszuführen. Entweder wird er dann für das schnelle, freudige Kommen belohnt und gleich wieder entlassen, oder er wird mit dem Hörzeichen »Fuß« in die Grundstellung gerufen, weil er aus bestimmten Gründen in der Fußposition weitergehen muss. Wie es die Umstände erfordern, kann man den Hund beim ruhigen Vorsitzen oder erst in der Sitzposition der Grundstellung anleinen.

184. Übung »Zuverlässig folgen«: Ich habe einen älteren Hund aus dem Tierheim geholt. Wie bringe ich ihm bei, auch unangeleint immer dicht bei mir zu bleiben?

Da Sie oft nicht wissen, welche Vorerfahrungen ein Tierheim-Hund gemacht hat, müssen Sie sich mit ihm besonders intensiv beschäftigen und eine gute Vertrauensbasis schaffen (→ Seite 90). Sobald er sich bei Ihnen gut eingelebt hat, ist es wichtig, auch mit ihm Bindungsspaziergänge zu unternehmen wie mit einem Welpen (→ Seite 109). Dabei sollten Sie abrupte Richtungsänderungen einbauen, wenn Ihr Hund zu selbstständig wird und dauernd vorausläuft. Auch plötzliches Verstecken hinter einem Baum oder Busch hilft, dass er sich wieder stärker an Ihnen orientiert. Dazwischen bauen Sie immer mal wieder Spiele ein, erkunden mit ihm das Gelände, laufen Slalom um die Bäume oder lassen ihn etwas üben. Und wenn er alles brav mitmacht, bekommt er eine dicke Belohnung. Alles, was Ihnen beiden Spaß macht, festigt die Bindung, und auch Ihr älterer Hund wird Ihnen bald selbst ohne Leine folgen.

Gut erzogen im Haus

Das enge Zusammenleben von Mensch und Hund erfordert bestimmte Regeln. Erst deren Einhaltung ermöglicht ein harmonisches Zusammenleben. Gelerntes muss konsequent angewendet werden.

185. Alleinbleiben: Wie lernt der Hund, allein zu bleiben?

Allein bleiben zu müssen fällt dem Rudeltier Hund anfangs sehr schwer. Deshalb muss dies der Hund erst lernen. Bringen Sie ihm zunächst in kleinen Schritten mit dem Hörzeichen »Bleib« bei, dort zu bleiben, wo er sich gerade befindet. Dazu muss er natürlich dieses Hörzeichen bereits kennen (→ Seite 204). Im täglichen Umgang »parken« Sie ihn auf diese Weise zum Beispiel im Wohnzimmer, während Sie etwas in der Küche holen. Bleibt er dabei ruhig, können Sie dazu übergehen, die Wohnzimmertür für einige Zeit zu schließen. Üben Sie das mehrmals am Tag, indem Sie Ihren Hund mit »Bleib« an einer Stelle parken, wenn Sie in den Keller gehen, den Müll wegbringen, die Zeitung holen oder auf die Toilette gehen. Wenn der Hund gelassen auf der ihm zugewiesenen Stelle bleibt, verlängern Sie die Zeiten seines Alleinseins immer mehr. Beziehen Sie auch das Auto ein, indem Sie den Hund im Auto mitnehmen und dort warten lassen. Wenn Sie zurückkommen, dürfen Sie kein Begrüßungs-Theater machen (→ Seite 156). Loben Sie Ihren Hund kurz – aber nur, wenn er ruhig war. Hat er gejault, wird er vollkommen ignoriert.

186. Alleinbleiben – Dauer: Wie lange darf ein Hund allein bleiben?

Schon der Welpe sollte ab einem Alter von acht Wochen daran gewöhnt werden, für kurze Zeit (fünf bis maximal zehn Minuten) in einem Zimmer allein zu bleiben (→ oben). Klappt das gut, kann er auch im Auto für die kurze Zeit eines Einkaufs allein bleiben. Dehnen Sie dann langsam die Zeiten der Trennung aus. Mit einem halben Jahr sollte der Junghund problemlos bis zu einer Stunde allein bleiben können. Erwachsene, gut erzogene Hunde sollten nur in Ausnahmefällen über drei Stunden allein gelassen werden. Muss Ihr Hund einmal länger als drei Stunden allein bleiben, dann rate ich Ihnen, für diese Zeit eine Betreuung zu organisieren.

Beschränken Sie seinen Warteraum in der Wohnung immer nur auf die Diele und schließen Sie die anderen Türen. Wenn der Hund zu viele Räume allein zu »bewachen« hat, kommt ihm die Vereinsamung erst recht zu Bewusstsein.

Ist Ihnen schon bei der Planung zum Kauf eines Hundes bewusst, dass Sie ihn täglich regelmäßig über zwei bis drei Stunden allein lassen müssen, dann sollten Sie sich die Anschaffung des Hundes genau überlegen.

187. **Begrüßung – Anbellen verhindern: Bello bellt jeden, der zur Tür hereinkommt, sofort freudig an. Wie kann ich das abstellen?**

Wenn jemand kommt, ist jeder Hund entweder freudig oder aggressiv erregt. In beiden Fällen kann er aber durch Verbellen und Anspringen der Besucher mehr oder weniger zum Problem werden. Damit dieser Fall nicht eintritt, gehe ich bei meinen Hunden immer so vor: Mein Hund darf zwar melden, wird aber dann von mir in die Küche verwiesen und muss dort »Platz« machen. Bei ängstlichen Besuchern schließe ich sogar die Küchentür. Wenn der Besuch nach dem Begrüßungsrummel in lockerer Runde im Wohnzimmer sitzt, gesellt sich wie zufällig auch mein Hund dazu. Jetzt kann er ohne Eile die einzelnen Gäste beschnuppern und begrüßen, ohne sie zu belästigen. Er ist deshalb nicht aufgeregt, weil auch die Besucher auf meinen Rat hin ruhig sitzen bleiben und den Hund nicht zu überschwänglich begrüßen.

In unserer Zeit als Hunde-Anfänger bekamen wir einmal den Rat, dass unser damaliger Hund die Besucher sitzend begrüßen sollte. Das war uns als Anfänger zu kompliziert, und unsere Hunde waren zu temperamentvoll, deshalb wende ich die für uns bewährte »Küchen-Methode« an.

188. Begrüßung beim Heimkommen: Wie begrüße ich meinen Hund richtig, wenn ich nach Hause komme?

Um sich einerseits dem Hund gegenüber ranghoch zu verhalten und ihn andererseits am freudigen Hochspringen zu hindern, verlangen Sie schon beim Öffnen der Tür von Ihrem Hund, dass er »Sitz« macht. Begrüßen Sie ihn dann, indem Sie sich zu ihm hinunterbeugen und ihn herzlich streicheln. Wenn Sie die Begrüßung immer so konsequent gestalten, wird er mit der Zeit auch Ihre Gäste so begrüßen.

189. Besuch – Angst vorm Hund: Ich habe seit einem unschönen Erlebnis in meiner Jugend Angst vor Hunden. Wie verhalte ich mich am besten, wenn ich bei einem Hundehalter eingeladen bin?

Wer als Gast Angst vor Hunden hat, sollte dies dem Hausherren sagen. Als guter Gastgeber wird dieser den Hund sicher in einem anderen Raum für die Dauer des Besuchs unterbringen, damit sich der ängstliche Gast wohlfühlen kann.
Wenn Sie nicht wollen, dass Ihretwegen der Hund weggesperrt wird, dann bitten Sie den Gastgeber darum, den Hund an seinem Platz abzulegen. Schnüffelt der Hund an Ihnen, ignorieren Sie ihn, indem Sie einfach den Kopf wegdrehen. Atmen Sie aber »ruhig« weiter und werden Sie nicht hektisch.

190. Besuch – Verhalten des Hundes: Wie steuere ich das Verhalten meines Hundes, während wir Gäste haben?

Sind es Freunde, die häufig kommen, dann kennt sie Ihr Hund bereits am Geruch, und er wird sich nach der Begrüßung schnell beruhigen. Sie können dies unterstützen, indem Sie die Gäste bitten, den Hund zu ignorieren und nicht etwa zu tätscheln. Wenn sich niemand mit ihm abgibt, wird er sich bald ablegen und vor sich hin dösen.

Haben Sie Gäste, die Ihr Hund nicht so gut oder gar nicht kennt, dann wird er diese aufmerksamer beobachten und versuchen, sie näher kennenzulernen, indem er Kontakt aufnimmt. Ist er dabei zu stürmisch oder aufdringlich, wird es manchmal notwendig sein, ihn auf seinem Platz abzulegen, damit Besuch und Hund ihre Ruhe haben.

Sie sollten Ihren Hund in einem anderen Raum unterbringen, wenn im Lauf des Abends Alkohol getrunken wird, weil dann die Gäste lockerer mit dem Hund umgehen und ihn eventuell zu unerwünschten Aktionen anstacheln. Feiern Sie eine Party, bei der es »hoch hergeht«, rate ich Ihnen, den Hund schon wegen der Lautstärke in einem anderen Raum unterzubringen.

191. Betteln am Tisch: Wie verhindere ich bereits im Vorfeld, dass mein Hund am Tisch bettelt?

Wichtig ist, dass Sie Ihrem Hund nie nachgeben und ihn vom Tisch füttern, selbst wenn er noch so »treuherzig« bettelt. Am besten ignorieren Sie ihn dann, das heißt, Sie sagen kein Wort zu ihm, auch nicht »Nein«, und machen keine Bewegung in seine Richtung. Mit der Zeit wird der Hund erkennen, dass er keinen Erfolg hat, und er wird sich auf seinen Platz zurückziehen.

192. Erziehung – Füttern: Was muss ich während der Fütterung des Hundes aus erzieherischen Gründen beachten?

Das ist eine gute Frage, denn bei der Fütterung kann man vieles, was man dem Hund beigebracht hat, ohne es zu wollen, infrage stellen. Etwa die Rangordnung.

Das zeigt sich einmal darin, dass der Hund erst nach Ihnen seine Mahlzeit bekommt (→ Seite 173), zum anderen, wie das Fressen selbst abläuft. Der Hund darf, muss aber nicht bei der Zubereitung seiner Nahrung dabei sein. Er muss sich dabei jedoch passiv verhalten. Bevor Sie ihm die gefüllte Futterschüssel hinstellen, muss er sich auf Befehl hinsetzen. Will er sich ohne Erlaubnis sofort auf die Schüssel stürzen, nehmen Sie diese mit einem strengen »Nein« schnell wieder hoch. Wiederholen Sie den Vorgang so lange, bis er brav sitzen bleibt, obwohl die Schüssel vor ihm steht. Nach einer angemessenen Wartezeit, die sich danach richtet, wie brav der Hund vor seiner Schüssel sitzt, geben Sie ihm die Schüssel mit einem aufmunternden »Guten Appetit« frei. Bleibt er nach wie vor stürmisch und aufdringlich, müssen Sie mehr an seinem Gehorsam arbeiten.

193. **Erziehung – Hund im Schlafzimmer: Soll das Schlafzimmer der Menschen für den Hund tabu sein?**

Das bleibt Ihnen überlassen. Meine Hunde haben bei Nacht jederzeit Zutritt zu unseren Schlafzimmern, um seltenes »Gassi-Müssen« melden zu können. Andererseits haben sie aber von klein auf gelernt, dass sie die Betten ihrer Menschen nur mit deren Genehmigung benutzen dürfen. Das gilt auch für Couch oder Sessel. Zu einer kurzen Kissenschlacht im Bett am Morgen lassen sie sich nicht zweimal bitten. Auf Befehl verlassen sie das Bett aber sofort wieder.
Wenn Ihr Hund das nicht tut, sollten Sie schnellstens die Rangordnung durch entsprechendes Dominanztraining (→ Seite 249) wieder richtigstellen. Wer aus hygienischen Gründen seinen Hund nicht ins Schlafzimmer, Kinderzimmer oder in die Küche lassen will, sollte sich besser keinen Hund zulegen. Denn richtig gepflegte Hunde sind aus hygienischer Sicht wahrscheinlich unbedenklicher als manche Menschen.

194. Erziehung – Hund schläft im Bett: Darf der Hund mit in unserem Bett schlafen?

Wenn Sie der Hund ganz klar als ranghöher anerkennt und Ihr Bett groß genug ist, dann liegt es in Ihrer Entscheidung. Er muss es aber sofort verlassen, wenn er einmal nicht erwünscht ist. Kleinhunderassen schlafen sehr gern und meist auch problemlos mit im Bett ihrer Besitzer, wohingegen für Hunde ab der Größe eines Schäferhundes das menschliche Bett nicht gerade passend für beide erscheint. Hunde, die sich ihren Besitzern gegenüber dominant zeigen, das heißt, die ihren Platz im Bett knurrend verteidigen, dürfen weder ins Bett noch auf das Sofa.

195. Erziehung – Hund schläft vor dem Bett: Welche Alternative gibt es für den Hund zum menschlichen Bett?

Das Rudeltier Hund sucht speziell in der Nacht die Nähe seiner Gefährten, also seiner Menschen. Er gewöhnt sich aber schnell daran, zu seinem schlafenden Menschen eine gewisse Individualdistanz einzuhalten. Die idealste Alternative zum Bett des Menschen ist das Hundebett im Schlafzimmer. Es wird von fast allen Hunden gern angenommen. Weiterer Vorteil: Sie haben auch des Nachts die Kontrolle über Ihren jungen, alten oder kranken Hund. Wenn Sie Ihrem Hund Ihr Bett dominant und konsequent als Tabuzone verbieten, begreift er es sehr schnell.

Mit Kindern Ball spielen und anschließend liebevoll im Gras geknuddelt werden – das schafft ewige Freundschaft.

Sich gegenseitig vertrauen und liebevolle Körperkontakte: die schönsten Erinnerungen an die Kindheit.

196. Familienhund: Was ist ein Familienhund?

Ein Familienhund lebt in seiner Familie mit enger Bindung an seine Menschen, und zwar rund um die Uhr. Von klein auf erlebt er alle Hochs und Tiefs in der Familie, kennt die Gewohnheiten der einzelnen Familienmitglieder und sogar deren Namen. Beengte Wohnverhältnisse und Lebensbedingungen dürfen einem Familienhund nichts ausmachen. Durch konsequente Erziehung, die wie bei Kindern täglich immer wieder neu aufgefrischt werden muss, besitzt er eine gute Führigkeit, ein sicheres und ausgeglichenes Wesen gegenüber fremden Menschen, und er bewegt sich sicher im Verkehr. Dadurch kann man ihn ohne Probleme überallhin mitnehmen.

In der Größe sollte er auch von etwa zehnjährigen Kindern noch geführt werden können, das heißt, er sollte höchstens von mittlerer Größe sein. Sein Fell sollte relativ pflegeleicht sein.

Weitere wichtige Eigenschaften eines Familienhundes: eine mittlere Härte (→ Seite 57) und Schussfestigkeit (→ Seite 251). Unerwünscht sind Schärfe, Kampftrieb, Jagdtrieb, Ängstlichkeit und übersteigertes Misstrauen Fremden gegenüber.

197. Fütterung – Ort: Soll die Futterschüssel immer an einem bestimmten Platz stehen?

Das finde ich nicht gut, denn sogar eine leere Futterschüssel, zum Beispiel an einem bestimmten Platz in der Küche, hat schon so manchen dominanten Hund dazu veranlasst, sie gegenüber einem nur zufällig vorbeigehenden Gast schmerzhaft zu verteidigen. Das kann nicht passieren, wenn der Hund die Schüssel nur bei der Fütterung sieht. Ein bestimmter Futterplatz wird sich zwar einpendeln, ist aber nicht notwendig, denn in der Natur kommt das Beutetier auch nicht immer an der gleichen Stelle vorbei. Wichtiger als der feste Futterplatz ist, dass der Hund während des Fressens nicht gestört wird.

Feste Plätze haben nur die stets gefüllten Wassernäpfe, weil der Hund jederzeit trinken können muss.

198. Gefahren im Haus: Wie kann man Gefahren in der Wohnung für den Hund vermeiden?

Schon vor dem Einzug des Welpen haben Sie Ihr Zuhause so gefahrenfrei wie möglich gemacht (→ Seite 84). Dies gilt natürlich auch noch, wenn Ihr Hund größer wird.

Zusätzlich sollten Sie jetzt Balkongeländer oder niedrige Fensterbrüstungen gegen Absturz sichern und steile oder freitragende Treppen durch ein Treppengitter absperren. Haben Sie einen Swimmingpool oder Gartenteich, müssen Sie ihn mit einem Gitter gegen Ertrinken sichern oder den Hund nur unter Aufsicht in den Garten lassen. Da ältere Hunde nur noch ein- bis zweimal am Tag gefüttert werden, nehmen sie bei jeder Mahlzeit mehr Futter auf. Danach dürfen Sie Ihren Hund nicht zu wilden Spielen animieren, da er sonst eine lebensgefährliche Magendrehung bekommen kann. Lassen Sie keine scharfen oder spitzen Gegenstände liegen, an denen er sich verletzen könnte, oder Kinderspielzeug, das Ursache eines Darmverschlusses sein kann, wenn es der Hund verschluckt. Auch sollten Sie verhindern, dass Ihr Hund auf glatten Böden herumtollt, weil er sich durch Ausrutschen verletzen kann. Türen und Fenster sollten Sie immer geschlossen halten, damit er nicht entweichen kann.

RICHTIG FÜTTERN

Wie oft?

Alter bis zu etwa 4 Monaten: je nach Rasse bis zu 4-mal am Tag.
4 Monate bis zu 1 Jahr: etwa 2- bis 3-mal. Später füttere ich nur noch 1-mal pro Tag. Das mehrmalige Füttern mit jeweils kleineren Portionen im Welpenalter hat gesundheitliche Gründe. Eine einmalige große Portion, die den Nahrungsbedarf für einen Tag sicherstellen müsste, hätte einen schweren, übervollen Magen zur Folge, der den noch weichen Rücken des Welpen überlastet und zum Durchhängen bringt.

Wie viel füttern?

Der Hund sollte zügig die Schüssel leeren. Zeigt er deutlich an, dass er noch Hunger hat, bekommt er erst bei der nächsten Mahlzeit etwas mehr, wenn es sein körperlicher Zustand erlaubt. Lässt er etwas übrig und geht weg, entfernen Sie die Schüssel sofort, und bei der nächsten Mahlzeit bekommt er um die gleiche Menge weniger. Selbst wenn der Hund bettelt, hat er bis zur nächsten Mahlzeit nur Zugang zu frischem Trinkwasser.

Sind regelmäßige Fastentage nötig?

Hunde sollten so gezielt gefüttert werden, dass sie wegen Übergewicht nicht fasten müssen. Wenn es unbedingt sein muss, halte ich »FdH« (Friss die Hälfte) für einige Zeit gesundheitlich vertretbarer. Bei einer Durchfallerkrankung sollte die Ernährung für ein bis zwei Tage eingestellt werden, damit sich der Darm vollständig entleeren (entgiften) kann. Bei Fieber oder wenn sich Blut im Durchfall zeigt, müssen Sie den Tierarzt aufsuchen.

Was füttern?

Meine Hunde werden seit über 30 Jahren mit naturbelassener Nahrung roh gefüttert. Heute nennt man es BARFen, das heißt Biologisch Artgerechtes Rohes Futter. Es besteht aus rohem Fleisch, rohen Knochen, Gemüse und diversem Beifutter.

RICHTIG FÜTTERN

Alternativen zur BARF-Ernährung	Außer der biologisch artgerechten rohen Ernährung haben Sie noch die Möglichkeit der verschiedensten industriell hergestellten Fertignahrungen. Diese als »Komplettfutter« bezeichnete Trocken- oder Dosennahrung enthält laut Inhaltsangaben alles, was der Hund zum Überleben braucht. Ich persönlich lehne konservierte Nahrung auf Dauer für mich und auch für meine Tiere ab. Ich toleriere diese Art der Ernährung höchstens als vorübergehenden Ersatz, wenn es die Umstände erfordern, etwa auf Reisen oder in Hundepensionen.
Welches Futtergeschirr?	Die Schüssel sollte der Größe des Hundes angepasst, kippsicher, rutschfest und leicht zu reinigen sein. Ich bevorzuge emaillierte Stahlschüsseln. Als Wasserschüssel verwende ich glasierte Keramikschüsseln wegen ihrer Standsicherheit, außerdem halten sie das Wasser länger kühl und frisch. Plastikschüsseln können über die Farbe oder über die enthaltenen Weichmacher Giftstoffe an das Wasser abgeben.
Bei der Fütterung des Hundes beachten	Auf keinen Fall dürfen Sie den Hund unbeobachtet lassen. Denn an der Art, wie er das Futter aufnimmt, kann man eventuelle Erkrankungen (Futterablehnung, Zahnschmerzen usw.) erkennen. Hunde sind von Natur aus »Schlinger«, und viele fressen sehr gierig ihre meist breiige Nahrung aus der tief stehenden Schüssel. Dabei schlucken bisweilen große Hunde größere Mengen Luft mit ab, was manchmal Magen-Darm-Probleme bereiten kann. Abhilfe können Sie mit einem in der Höhe verstellbaren Futter-Wasser-Ständer schaffen (Zoofachhandel).

199. Halsband aufbewahren: Warum sollten Halsband und Leine an einem bestimmten Platz in der Wohnung hängen?

Ein bestimmter Platz ist wichtig, denn dann haben Sie beides stets griffbereit. Praktischerweise sollten Halsband und Leine an oder neben der Garderobe im Flur hängen. Ihr Hund lernt sehr schnell, dass Sie mit ihm bald Gassi gehen, wenn Sie nach dem Halsband greifen. Dieser Griff ist für einen Hund mit guter Grunderziehung gleichbedeutend mit dem Befehl »Sitz«. Denn er hat gelernt, dass er nur hinauskommt, wenn er sich ruhig das Halsband umlegen und sich anleinen lässt.

Umgekehrt hat ein Hund, der sehnsuchtsvoll auf das Halsband blickend vor der Garderobe sitzt, auch für Sie eine ganz bestimmte Signalwirkung. Da Sie aber der Boss sind, dürfen Sie solchen Forderungen nicht immer nachgeben.

200. Halsband in der Wohnung: Soll der Hund auch in der Wohnung ein Halsband tragen?

Damit sich der Hund richtig wohlfühlen kann, sollte er zu Hause oder im abgesicherten Garten kein Halsband tragen. Auch Sie fühlen sich in bequemer Kleidung oder ohne Krawatte wohler und können besser entspannen.

Trainieren Sie jedoch bestimmte Erziehungsübungen, wobei manchmal sogar eine dünne und/oder kurze Schnur am Halsband befestigt ist, dann muss der Hund das Halsband tragen.

201. Hund beschäftigen: Wie beschäftige ich meinen Hund sinnvoll in der Wohnung?

Neben den Spielstunden und Knuddelrunden gibt es eine Reihe von sinnvollen Beschäftigungen für Körper und Geist, die von manchen Hunden sogar eifriger betrieben werden als reines Spiel. So können Sie Ihrem Hund beibringen, regelmäßig auf Befehl, aber auch selbstständig die Zeitung oder die Hausschuhe zu bringen oder einen Schirm oder eine Tasche zu tragen. Beim nächsten Spaziergang begleitet Sie dann stolz Ihr vierbeiniger Butler. Auch können Sie Ihren Hund aufräumen lassen, indem er auf Befehl sein Spielzeug in eine bestimmte Kiste wirft.

Für diese Beschäftigungen muss der Hund zunächst mit Freude das Apportieren, also das Bringen von verschiedenen Gegenständen lernen (→ Seite 136). Wenn er dann auch mit Geduld und positiver Bestärkung durch Leckerchen die Namen der Gegenstände (beispielsweise Hausschuhe oder Zeitung) richtig zuordnen kann, steht der Freude an dieser Beschäftigung nichts mehr im Wege.

202. Hund – Haltung im Haus: Verweichlichen Hunde, wenn sie überwiegend im Haus gehalten werden?

Der Hund ist ein soziales Lebewesen. Wird er als Familien- und Sporthund gehalten, so ist für ihn das enge Zusammenleben mit seinem Menschen in dessen Wohn- und Schlafräumen die artgerechte Lebensform. Und als Familienmitglied möchte der Hund am gemeinsamen Tagesablauf seines Mensch-Hund-Rudels teilnehmen. Seine enorme Anpassungsfähigkeit ist ausschlaggebend dafür, dass der Hund je nach Rasse mehr oder weniger problemlos überwiegend innerhalb unserer Wohnungen leben kann. Dadurch fühlt er sich akzeptiert und fügt sich harmonisch in die Rangordnung innerhalb der Familie ein. Regelmäßige ausreichende Beschäftigung und Bewegung im Freien bei jedem Wetter hält ihn fit und gesund. Körperlich ausgepowert, dann eine Kuschelrunde mit Frauchen oder Herrchen auf der Couch – was gibt es Schöneres für einen Hund?

203. Hund – Lebensbereich: Welche Ansprüche stellt der Hund an seinen Lebensbereich?

Der Hund stellt keine großen Ansprüche an die Unterkunft und die spezielle Ausstattung unseres Wohnbereichs. Über die grundsätzlichen Ansprüche sollte man sich jedoch schon vor der Anschaffung des Hundes im Klaren sein. Er will seinen festen Platz in seiner Familie, einen von ihm anerkannten Rudelführer und die Erfüllung seiner artgerechten Bedürfnisse, wie Nahrung, Beschäftigung oder Pflege. Mehr ist nicht notwendig, damit sich der Hund wohlfühlt. Keines der übrigen Familienmitglieder sollte gegen den Hund eingestellt sein. Diese Person würde bald Probleme mit dem Hund bekommen.

HUNDEHALTUNG IM GESETZ (AUSZÜGE)

Folgende Vorschriften über das Halten von Hunden sind in der »Tierschutz-Hundeverordnung« vom 2. Mai 2001 (Bundesgesetzblatt I, Seite 838) gesetzlich verankert (erhältlich bei den örtlichen Tierschutzvereinen oder im Buchhandel):

§ 4 Anforderungen an das Halten im Freien	➤ Gewährung von Witterungsschutz ➤ Wetterfeste und kälteisolierte Gestaltung der Schutzhütte und des Liegeplatzes
§ 5 Anforderungen an das Halten in Räumen	➤ Mindestgrundfläche der Räume, ausreichender Tageslichteinfall ➤ Schutz vor Kälte und Luftzug, wärmegedämmter Liegeplatz
§ 6 Anforderungen an die Zwingerhaltung	➤ Größe der Bodenfläche nach der Größe des Hundes berechnet ➤ Material der Einfriedung ➤ Absicherung der Stromeinrichtung
§ 7 Anforderungen an die Anbindehaltung	➤ Beschreibung der Laufvorrichtung ➤ Halsband und Brustgeschirr ➤ Verbotsbeispiele der Anbindehaltung

204. Hund – Schlafplatz: Welche Ansprüche stellt der Hund an seinen Schlafplatz?

Der feste Schlafplatz hat für den Hund eine große Bedeutung als Rückzugsmöglichkeit. Dies muss von allen Familienmitgliedern, speziell auch von den Kindern, respektiert werden. Der Hund sollte sich auf seinem Schlafplatz der Länge nach voll ausstrecken können, obwohl Hunde auch gern zusammengerollt schlafen. Die Unterlage soll weich sein und muss die Bodenkälte abhalten. Die Bezüge sollten abnehmbar und kochfest sein.

Solange der junge Hund im ersten Jahr noch erzogen wird, könnte es sein, dass er sich an seinem teuren Liegebett aus Langeweile vergreift. Warten Sie mit der Anschaffung, bis er etwas reifer, das heißt erwachsen und gut erzogen ist, und bieten Sie ihm bis dahin etwa eine einfache Decke auf einem alten Kissen in einer nach vorne offenen Kiste oder stabilen Schachtel.

205. Hund – Schlafplatzstandort: Ist der Standort des Schlafplatzes wichtig?

Der Standort muss zugfrei sein, und der Hund sollte von dort Sichtkontakt zur Familie haben. Hat er das nicht, wird er sich einen Ersatzplatz suchen. Größere Hunde suchen oft erst während der Nacht ihren Schlafplatz auf und liegen am Tag einfach so auf dem Teppich herum – je nachdem, wo sich die Bezugsperson gerade aufhält.

Bei einer größeren Wohnung werden Sie mit einem Schlafplatz nicht auskommen, weil viele Hunde zwischen Tag- und Nachtlager gern wechseln.

Bei Hunden, die zu dominantem Verhalten neigen, darf sich der Schlafplatz an keinen »strategisch wichtigen« Stellen der Wohnung befinden, etwa im Eingangsbereich. Der Hund könnte sich sonst als Herrscher über diesen Bereich aufspielen und Gäste nicht mehr durchlassen.

206. Kinderhund: **Wir haben zwei Kinder und möchten uns einen Hund anschaffen. Gibt es spezielle kinderfreundliche Rassen?**

Es gibt keine Hunde, die von Geburt an kinderfreundlich sind. Den ersten Schritt dazu legt der Züchter, der seine Welpen schon mit hundefreundlichen Kindern sozialisieren muss. Das heißt also, dass die Kinderfreundlichkeit eines Hundes eine Erfahrung in der frühen Prägungsphase ist. Kommt der Welpe dann zu Ihnen, und Ihre Kinder gehen artgerecht und hundefreundlich mit ihm um, wird er sich zu einem Hund entwickeln, der sich auch fremden Kindern gegenüber freundlich verhält. Nur durch freundliche Kinder werden Hunde zu Kinderfreunden.

207. Kind und Hund aneinander gewöhnen: **Was ist die Aufgabe der Eltern, um Kinder und Hund aneinander zu gewöhnen?**

In der heutigen Zeit leben viele Hunde zusammen mit ihren Familien in engen Wohnungen. Dies hat zur Folge, dass bedeutend mehr Hunde vor Kindern geschützt werden müssen als umgekehrt, um Beißunfälle zu vermeiden.
Kinder und Hunde passen ideal zusammen, wenn sie unter der Aufsicht verständiger Eltern miteinander aufwachsen und somit aneinander gewöhnt sind. Die Eltern haben die Aufgabe, ihren Kindern Respekt vor dem Lebewesen Hund beizubringen, Respekt vor seinem Fressplatz und seinem Schlafplatz. Kinder müssen lernen, dass der Hund kein Spielzeug ist und mit welchen Warn- und Unlustsignalen er zu erkennen gibt, dass er nicht gestört werden will.
Außerdem muss die Rangordnung innerhalb des »Rudels« für beide geklärt sein. Der Hund muss lernen, die Kinder des Menschen als schützenswerte »Jungtiere« zu tolerieren und gegebenenfalls auf sie Rücksicht zu nehmen.

208. Kind und Hund – Erziehung: Gibt es Parallelen bei der Erziehung von Kindern und Hunden?

➤ Kinder und Hunde lernen viel durch Beobachtung und Nachahmung.

➤ Sie brauchen beide eine konsequente Führung, der sie vertrauen können.

➤ Beide lernen besser durch positive Bestärkung als durch Strafen.

➤ Sie verlangen beide Liebe, Aufmerksamkeit und körperliche Zuwendung.

➤ Kinder und Hunde werden unsicher und schwer erziehbar, wenn Konsequenz und unklare Regeln fehlen und wenn keine Grenzen gesetzt werden.

KIND UND HUND

1. Behandeln Sie einen Hund immer so, wie Sie auch behandelt werden möchten.

2. Drängen Sie sich einem Hund nicht auf, sondern lassen Sie ihn zu sich kommen.

3. Fassen Sie einen fremden Hund nie an, bevor Sie nicht seinen Besitzer um Erlaubnis gefragt haben.

4. Wenn sich ein Hund bei Ihrem Streichelversuch wegduckt, dann lassen Sie ihn am besten in Ruhe.

5. Schauen Sie einem Hund nie starr in die Augen.

6. Rennen Sie nie an einem Hund schnell vorbei oder vor ihm weg.

7. Spielen Sie nur mit einem Hund, wenn ein Erwachsener dabei ist.

8. Stören Sie einen Hund nie beim Fressen oder Schlafen.

9. Ziehen Sie einen Hund nie an Schwanz oder Ohren.

10. Wenn zwei Hunde raufen, versuchen Sie nicht, sie zu trennen, gehen Sie schnell von den Raufbolden weg!

209. Rangordnung: Was muss ich grundsätzlich im Hinblick auf die Rangordnung beachten?

Sowohl im Wolfsrudel als auch im Mensch-Hund-Rudel geht es nicht ohne Rangordnung. Dabei kommt es aus der Sicht des Hundes nicht darauf an, dass Sie als Anführer Größe oder Kraft zeigen. Wichtig sind Ihre Führungsqualitäten, wie Konsequenz und Souveränität, damit Sie der Hund als Chef anerkennt. Das heißt, dass der Hund auch schon ein vernünftiges Kind (ab etwa zehn Jahren) als ranghöher anerkennt, wenn es sich entsprechend verhält. Diese Rangordnung müssen Sie immer beibehalten. Deshalb dürfen Sie nie den Willen des Hundes tolerieren und ihm Entscheidungen überlassen. Dadurch fördern Sie das Dominanzverhalten Ihres Hundes, und er würde mit der Zeit die Führung übernehmen. Der Hund muss aber lernen, auf Sie zu reagieren. Hunde, die von Haus aus sehr unterwürfig sind, werden nie auf die Idee kommen, die Führung, ganz gleich in welcher Form, übernehmen zu wollen. Ihr Platz ist auch an der Leine in der Regel mehr hinter ihrem Besitzer. Eine intakte Rangordnung macht das Zusammenleben einfacher. So lässt sich der Hund von einem in der Rangordnung über ihm Stehenden zum Beispiel Medikamente eingeben oder Fieber messen.

210. Rangordnung – Begrüßung morgens: Was soll ich bei der Begrüßung des Hundes am Morgen beachten, um meine Führungsrolle zu stärken?

Im Hunderudel begrüßt immer der Rangniedere den Ranghöheren, indem er sich unterwürfig zeigt (passive Unterwerfung, → Seite 51). Der Chef nimmt diese »Ehrerbietung« gnädig entgegen.
Benehmen Sie sich also wie ein richtiger Rudelchef! Wenn Sie aus dem Schlafzimmer kommen, ignorieren Sie den Hund, der meist noch in seinem Bett liegen

wird. Wenn Sie dann aus dem Bad kommen, gehen Sie nicht zu ihm hin, sondern Sie rufen ihn zu sich und knuddeln ihn dann erst richtig liebevoll zur Begrüßung. Sie loben ihn dann nämlich für das befohlene Herankommen, und er interpretiert das Verhalten des Menschen nicht als unterwürfige Begrüßung.

211. **Rangordnung – Dominanter Hund:** Woran erkenne ich, dass sich mein Hund mir gegenüber dominant zeigt, wenn wir gemeinsam auf der Couch sitzen?

Das schlimmste Zeichen dafür wäre, wenn Sie der Hund anknurren oder sogar beißen würde, wenn Sie sich ebenfalls auf die Couch setzen wollen. Damit will er zeigen, wer der Boss ist. Dieses Dominanzverhalten entsteht aber nicht von jetzt auf gleich, sondern es hat sich allmählich entwickelt, weil Sie selbst Ihren Hund wahrscheinlich schrittweise durch Duldung seiner Wünsche in dieser Chefrolle bestärkt haben. Ein Hund, der sich unterordnet, würde sofort die Couch verlassen, wenn Sie sich dort hinsetzen wollen.

212. **Rangordnung – Dominanz verhindern:** Wie verhindere ich, dass mein Hund sein dominantes Verhalten ausbaut?

Folgendes sollten Sie konsequent durchführen: Bieten Sie Ihrem Hund mehr Beschäftigungs- und Bewegungstraining und machen Sie mindestens zweimal täglich fünf bis zehn Minuten lang Unterordnungsübungen. Futter, Spielen, Beachtung oder Streicheln muss sich der Hund verdienen. Um etwas zu erreichen, muss er immer erst »Sitz« oder »Platz« auf Befehl machen. Vermeiden Sie Konfrontationen und Strafen, nicht befolgte Befehle ignorieren Sie konsequent. Verhindern Sie, dass der Hund höhere Positionen wie Couch, Bett oder Ähnliches erreicht.

213. Rangordnung – Engstellen passieren: Es heißt immer wieder, dass man vor dem Hund durch eine Tür gehen soll. Warum ist das so?

Wenn der Hund diese Reihenfolge respektiert, zeigt er ganz klar an, dass er den höheren Rang seines Menschen anerkennt, denn auch im Wolfsrudel geht immer der »Chef« voraus. Dieser Reihenfolge muss sich auch der temperamentvollste Hund unterordnen. Diese Reihenfolge gilt nicht nur für Türen, sondern für alle Arten von Engstellen, wie Treppen, schmale Stege oder Brücken.

Allerdings muss dies der Hund erst durch Ihr konsequentes Verhalten lernen, indem Sie dem Hund an der Leine zeigen, wer der Chef ist.

DOMINANZZEICHEN DES HUNDES

Wenn der Mensch aus der Sicht des Hundes als Rudelführer versagt, dann wird der Hund versuchen, in der Rangordnung innerhalb der Familie aufzusteigen und die Führung selbst zu übernehmen. Es gibt eine Reihe von Warnzeichen dafür:

➤ Sein bisheriger guter Grundgehorsam wird insgesamt immer schlechter.

➤ Er missachtet Verbote, zum Beispiel Betteln am Tisch oder Benutzung der Couch.

➤ Er fordert vehement durch Körpereinsatz, gestreichelt zu werden, und gibt nach kurzer Zeit mit Knurren den Befehl zum Aufhören.

➤ Er verteidigt knurrend seine Futterschüssel, seine Decke oder sogar seine Leine.

➤ Er steht nicht auf, wenn er im Weg liegt.

➤ Er bestimmt beim Spaziergang durch Zerren an der Leine die Richtung und die Geschwindigkeit.

➤ Er kommt nicht oder nur zögerlich, wenn man ihn ruft.

214. Rangordnung – Fütterung: In der Hundeschule haben sie uns erzählt, dass man dem
Hund hin und wieder beim Fressen kommentarlos den Futternapf wegnehmen soll.
Warum soll man das machen?

Diese Art von Manipulation mit dem Futter des Hundes gehört zum Dominanztraining (→ Seite 249), das
der Hund aber nur benötigt, wenn die Rangordnung
nicht mehr ganz geklärt ist. Wenn der Hund jedoch
keinerlei Anzeichen von Dominanzstreben zeigt und
sich in allen Bereichen aktiv unterordnet, wäre diese
veraltete Methode nur eine sinnlose Störung bei seiner Nahrungsaufnahme. Im Zusammenhang mit der
Fütterung hat er ja gelernt, dass er seinen Napf erst
leeren darf, wenn Sie ihm das erlauben. Daher lässt
er sich die Schüssel auch jederzeit wegnehmen.
Wichtiger ist, dass sich der Hund erlaubte oder unerlaubte Gegenstände von Ihnen auf das Hörzeichen
»Aus« jederzeit aus dem Fang nehmen lässt.

215. Rangordnung – Kind und Hund: Wie verhal-
te ich mich am besten, damit mein Hund unsere Kinder problemlos anerkennt?

Viele Leute sind der Meinung, dass der Hund innerhalb einer Familie mit Kindern den untersten Rang
einnimmt, egal, wie alt die Kinder sind. Als Folge
müsste er sich selbst von Kleinkindern herumkommandieren lassen. Solange aber Kinder noch von den
Eltern versorgt werden müssen und keine Verantwortung tragen, haben sie bei erwachsenen Hunden eine
gewisse Narrenfreiheit und gelten als Jungtiere, die
beschützt werden müssen. Sobald die Kinder aber die
Rollen tauschen wollen, das heißt, den Hund nicht
mehr respektieren, sondern herumkommandieren
wollen, versucht der Hund, die »aufmüpfigen Jungtiere« zu disziplinieren. Denn noch unvernünftige
Kinder können nie so souverän und konsequent

auftreten, dass sie der erwachsene Hund als ranghöher einstuft. Das kann im Einzelfall gefährlich werden
und dann zum Beispiel in einem Beißunfall enden.
Eine ranghöhere Position müssen sich heranwachsende Kinder erarbeiten, indem sie mit ihrem »gereiften«
Wesen dem Hund Chefqualitäten wie Souveränität
oder Konsequenz zeigen.

216. Rangordnung – Morgenritual: Wie kümme-re ich mich als »Rudelchef« richtig um meinen Hund am Morgen?

Eine erste kurze Gassi-Runde nach dem Aufstehen
sollte noch vor Ihrem Frühstück stattfinden, damit
sich der Hund nach der langen Nacht lösen (entleeren) kann. Anschließend geht es gleich wieder nach
Hause. Jetzt machen Sie aber nicht den Fehler und
füttern sofort den Hund. Erst isst immer der Chef.
Den Hund legen Sie in einiger Entfernung mit Sicht
zum Frühstückstisch mit dem Hörzeichen »Platz«
ab. Auf keinen Fall dürfen Sie den Hund während
des Frühstücks beachten oder gar vom Tisch aus füttern. Erst nach Ihrem Frühstück bekommt der Hund
seine Mahlzeit.

217. Spaziergang – Start: Wie lernt der Hund, dass er sich beim Anleinen vor dem Spazier-gang diszipliniert verhalten muss?

Vermeiden Sie, Ihren Hund mit aufmunternden
Rufen wie »Wir gehen jetzt Gassi« in einen Freuden-
taumel zu versetzen. Es ist nämlich nicht leicht, einem
herumhüpfenden Hund ein Halsband anzulegen. Der
schöne Spaziergang soll ja nicht mit Ärger beginnen.
Nehmen Sie daher stillschweigend das Halsband vom
Garderobenhaken und halten es auf Kopfhöhe des
Hundes vor sich hin. Geben Sie das Hörzeichen
»Hier« und dann »Sitz«. Wenn der Hund vor Ihnen

sitzt, legen Sie ihm sein Halsband um. Loben Sie ihn dabei. Während Sie sich Ihre Jacke oder Ihren Mantel anziehen, muss der Hund weiterhin ruhig sitzen bleiben. Tut er das nicht, wird alles wiederholt. Leinen Sie Ihren Hund nun an, und achten Sie darauf, dass er angeleint wieder so lange ruhig sitzen bleibt, bis Sie ihn aus der Sitzposition entlassen (→ Seite 148). Zum Ableinen lassen Sie Ihren Hund ebenfalls sitzen. Dann nehmen Sie die Leine ab. Achten Sie darauf, dass er so lange sitzen bleibt, bis Sie ihn mit dem Hörzeichen »Lauf« entlassen.

218. Spielen – Kind und Hund: **Sind erwachsene Hunde für Kinder beim Spiel gefährlicher als Welpen?**

Ja und nein. Ist der erwachsene Hund an Kinder gewöhnt, dann wird es kaum Probleme geben, wenn die Kinder vernünftig mit ihm umgehen (→ Seite 169). Hatte der erwachsene Hund noch keinen oder kaum Kontakt mit Kindern, dann müssen Sie beachten, dass erwachsene Hunde kleine Kinder nicht selten als Jungtiere ansehen und bei etwaigem Fehlverhalten disziplinieren wollen (→ Seite 173). Viele Beißunfälle mit Kindern sind darauf zurückzuführen. Sie geschahen fast immer, wenn die Kinder mit dem Hund allein waren.

INFO

Disziplinierter Hund
Unter Disziplin des Hundes verstehe ich die Bereitschaft des Vierbeiners, den ihm anerzogenen Gehorsam in den verschiedensten Bereichen des täglichen Umgangs mit seinen Menschen auf Befehl zu zeigen und sich dadurch aktiv und freudig unterzuordnen. Ein disziplinierter Hund sollte immer volles Vertrauen und eine enge Bindung zu seinem Menschen haben.

219. Spielzeug – Arten: Im Zoofachhandel gibt es so viele verschiedene Spielsachen für Hunde. Was kann ich meinem Hund zum Spielen anbieten?

Die Auswahl des Spielzeugs richtet sich danach, wie Ihr Hund spielt: Fängt er gern, eignet sich ein Frisbee oder Ball; apportiert er gern, dann ein Bringholz. Um ihn geistig zu fordern, gibt es Intelligenzspiele. Achtung: Kinderspielzeug eignet sich in der Regel nicht als Hundespielzeug. Manches ist für den Hund sogar lebensgefährlich, weil er es verschlucken kann.

➤ Stofftier: Viele Hunde haben ein Lieblings-Stoff- oder Kuscheltier, das sie überall herumschleppen und auch nicht zerstören. Nur dieses Spielzeug soll für den Hund jederzeit erreichbar sein.

➤ Solitärspielzeug: Dies wird dem Hund gezielt von seinem Menschen angeboten. Damit kann sich der Hund allein beschäftigen. Dazu gehört zum Beispiel ein Ball, der Leckerchen ausspuckt, wenn der Hund ihn vor sich her rollt. Ich halte solches Spielzeug in

Ein Leckerchen lockt, und schon macht der Hund Männchen.

der Regel für ungeeignet, da es, sobald es leer ist, aus Langeweile bald benagt und somit zerstört wird.

➤ Intelligenz- und Konzentrationsspiele: Sie werden dem Hund gezielt von seinem Menschen angeboten. Zum Spielen muss der Mensch dabei sein. Beispiele dafür sind Spiele, bei denen der Hund in der richtigen Reihenfolge Klötzchen betätigen muss, um an seine Leckerchen-Belohnung zu kommen.

➤ Motivationsobjekte (MO): Sie werden dem Hund gezielt angeboten, weil sie für die Erziehung oder Ausbildung als Beuteersatz verwendet werden. Ein Beispiel ist der sogenannte Prey-Dummy, ein mit Futter gefüllter Wurfbeutel, woraus der Hund bei erfolgreich ausgeführter Aufgabe einen Teil fressen kann.

➤ Suchspiele: Sie werden dem Hund gezielt von seinem Menschen angeboten. Zum Spielen muss der Mensch dabei sein. Sie können zum Beispiel Leckerchen in einer Kiste mit zerknülltem Papier oder sich selbst hinter dem Vorhang verstecken und den Hund auf »Such« suchen lassen.

220. Unausgelasteter Hund: Man liest immer wieder, dass die heutigen Hunde nicht ausgelastet sind. Was versteht man darunter?

Jeder Hunderasse wurden spezielle Talente (Intelligenzen) angezüchtet, die sie für bestimmte Verwendungszwecke prädestinieren. Beispiele sind das Hüten von Schafen oder die Jagd auf Ratten. Solange die Hunde ihrem jeweiligen Verwendungszweck entsprechend auch eingesetzt wurden, waren sie ausgelastet, weil sie körperlich und geistig gefordert wurden. Vielen Hunden fehlt aber heute diese rassespezifische Beschäftigung, und es wird ihnen auch kein Ersatz in Form von Hundesport oder anderen Beschäftigungen geboten, mit denen Körper und Geist gefordert werden. In diesem Fall spricht man von unausgelasteten Hunden. Früher oder später können sie durch unerwünschte Ersatzhandlungen Probleme bereiten.

221. Wohnungshaltung – Freilauf: Was ist beim Freilauf in der Wohnung zu beachten?

Achten Sie speziell in den Erziehungsphasen darauf, dass der Hund nicht unbeaufsichtigt Zutritt zu allen Räumen der Wohnung hat. Beschränken Sie seinen Freiraum auf den Bereich, wo Sie sich gerade aufhalten, nur so haben Sie absolute Kontrolle über den Hund. Wo immer Sie sich auch im Haus aufhalten und was Sie auch gerade tun, sollten Sie stets mitbekommen, was Ihr Hund macht, um erzieherisch eingreifen zu können. Das gilt auch für erwachsene Hunde aus zweiter Hand.

222. Wohnungshaltung – Spielen: Welche Spiele eignen sich für die Wohnung?

Spiele für die Wohnung sollten den Hund nicht übertrieben aktiv machen. Auf glatten Böden könnte er ausrutschen und sich verletzen; außerdem kann dabei so manches Wertvolle zu Bruch gehen.
Hervorragend für die Wohnung eignen sich Intelligenzspiele, Konzentrationsspiele, Suchspiele (→ Seite 177), Apportierspiele und die breite Palette der Gehorsamsübungen, wenn sie geschickt in den Alltag eingebaut werden. Der Hund merkt dann gar nicht, dass geübt wird. Aktionsspiele gehören ins Freie.

223. Wohnungshund: Welche Hunde eignen sich nicht so gut für reine Wohnungshaltung?

Vorwiegend nordische Hunderassen, die für extreme Kälte gezüchtet wurden, dicht behaarte, große Herdenschutzhunde oder andere sehr große Hunde mit dichter Unterwolle fühlen sich in beheizten Wohnungen nicht sehr wohl. Das heißt aber nicht, dass unsere Wohnräume für sie ungeeignet sind. Diese Hunde sollten je nach Witterung selbst entscheiden können, wo sie sich aufhalten wollen. Auf keinen Fall dürfen sie sich ausgeschlossen fühlen. Sie werden sich die kühlste Stelle im Haus selbst aussuchen, aber sie wollen lieber im Haus bei ihren Menschen sein, selbst wenn es für sie draußen angenehmer wäre.

224. Wohnung verlassen – Spaziergang: Mein Hund drängt beim Gassigehen immer ungestüm zur Tür. Wie schaffe ich es, dass er die Wohnung angeleint und diszipliniert verlässt?

Viele Hunde zeigen in unmittelbarer Nähe der Wohnungstür oder des Hauseingangs beschützende oder territoriale Aggressionen. Werden diese Hunde

SPIELREGELN

➤ Sie bestimmen die Dauer des Spiels.

➤ Sie allein bestimmen, wann, wo, womit und wie gespielt wird. Nicht der Hund!

➤ Kaputtes Spielzeug müssen Sie Ihrem Hund sofort wegnehmen, damit er sich nicht damit verletzen oder Teile davon verschlucken kann.

➤ Beginnt der Hund sein Spielzeug zu verteidigen, ist die Rangordnung gestört. Dann müssen Sie das Spielzeug konsequent wegräumen.

➤ Bis auf sein Stofftier räumen Sie alle Spielsachen wieder weg, wenn die Spielstunde vorbei ist.

➤ Beobachten Sie Ihren Hund, was er mit dem Spielzeug macht, bevor Sie ihn damit beschäftigen. Wenn er keine Lust hat, damit zu spielen, sollten Sie ihn nicht zwingen. Das ist ein Gute-Laune-Killer.

➤ Bei erwachsenen Hunden aus zweiter Hand, die Spielen nie gelernt haben, ist viel Geduld und Motivation nötig, um dem Hund die Freude am Spiel zu zeigen.

unangeleint und somit unkontrolliert zum Spaziergang ins Freie gelassen, kommt es oft vor, dass sie Passanten attackieren. Wenn Ihr Hund in einem Mehrfamilienhaus vor dem letzten Spaziergang spät nachts voller Freude jaulend und bellend im Treppenhaus herumtobt, ist der Ärger der Nachbarn berechtigt. Sobald das Anlegen des Halsbandes und das Anleinen innerhalb der Wohnung klappt (→ Seite 147), lassen Sie den angeleinten Hund vor der noch geschlossenen Wohnungstür absitzen. Nur wenn er ruhig sitzen bleibt, sagen Sie »Bleib« und öffnen die Tür. Wenn der Hund unerlaubt aufsteht oder nach draußen drängt, wird der gesamte Vorgang wiederholt. Erst wenn der Hund während des Öffnens der Tür ruhig sitzen bleibt, nennen Sie das Hörzeichen »Fuß« und gehen mit ihm zusammen aus der Wohnung. Außerhalb der Wohnungstür sagen Sie wieder »Sitz und Bleib«. Dann muss der an der lockeren Leine sitzende Hund warten, bis Sie die Tür geschlossen haben. Beim Hörzeichen »Fuß« gehen Sie mit dem angeleinten Hund aus dem Haus, nicht der Hund nach Ihnen.

225. Zwinger: Warum ist die überwiegende Haltung im Zwinger unangebracht?

Hunde sind Rudeltiere und wollen immer in der Nähe ihrer Familie sein. Werden sie unausgelastet überwiegend (!) in Zwingern gehalten, leiden sie oft früher oder später an Verhaltensstörungen, weil sie sich aus dem Sozialverband der Familie ausgeschlossen fühlen. Das gilt auch für sogenannte Hofhunde, die permanent angebunden draußen gehalten werden. Bei großen Dienst- und Gebrauchshunderassen, wie zum Beispiel Deutscher Schäferhund, Dobermann, Rottweiler oder Hovawart, oder bei temperamentvollen Hunden kann es manchmal notwendig sein, diese kurzfristig in einem Zwinger unterzubringen, wenn zum Beispiel ängstliche Besucher oder fremde Kinder kommen. Auch wenn man den Hund mal nicht beaufsichtigen kann, ist gegen eine kurze Unterbringung im sicheren Zwinger nichts einzuwenden. Der Zwinger ist dann nichts anderes als ein ausbruchssicherer Raum im Haus, etwa eine Hundebox, wo der Hund kurze Zeit sicher untergebracht werden kann.

226. Zwinger – Eingewöhnen: Wie gewöhne ich meinen Hund an den Zwinger?

Wenn Sie Ihren Hund hin und wieder in einem Zwinger unterbringen müssen, sollten Sie ihn rechtzeitig daran gewöhnen. Das heißt, dass der Zwinger, der anfangs immer offen bleibt, als Spielraum und ganz besonders als Futterplatz in den Tagesablauf einbezogen wird. Erst wenn der Hund freudig von sich aus in den offenen Zwinger läuft, dort in Ruhe an einem Knochen nagt oder auf seiner Decke ein Nickerchen macht, schließen Sie die Tür erstmals kurz. Beschäftigen Sie sich in Sichtweite des Hundes. Solange er sich ruhig verhält, gehen Sie zu ihm in den Zwinger und halten sich kurz bei ihm auf. Während der nächsten Fütterungen bleibt der Zwinger auch mal für längere Zeit geschlossen, und Sie entfernen sich kurz außer Sicht des Hundes. So verlängern Sie nach und nach die Schließzeiten. Lassen Sie Ihren Hund aber nicht aus dem Zwinger, wenn er bellend oder winselnd protestiert!

INFO

Hunde im Zwinger
Arbeitshunde, wie Polizei-, Jagd- oder Hütehunde, werden üblicherweise nach der Arbeit zunächst für kurze Zeit im Zwinger untergebracht und auch dort gefüttert, damit sie sich erholen können. Aber auch diese Hunde leben in der Regel außerhalb ihrer Arbeitszeiten in ihrer Familie und regenerieren sich durch menschliche Zuwendung für ihre oft anstrengende Arbeit.

Gut erzogen in der Öffentlichkeit

Man kann heute leider immer mehr Menschen beobachten, denen es schwerfällt, mit ihrem Hund in der Öffentlichkeit angemessen umzugehen oder fremden Hunden entspannt und problemlos zu begegnen.

227. Anspringen: **Meine Hündin Nora springt beim Spaziergang freudig an allen Passanten hoch. Wie kann ich ihr das abgewöhnen?**

Verhindern Sie rigoros, dass Nora von fremden Menschen Futter bekommt. Sobald Sie mit Ihrer Hündin auf die Straße gehen, sollten Sie Nora stets an der Leine führen, um sie unter Kontrolle zu haben. Bauen Sie anfangs in Ihre Spaziergänge Übungen ein, bei denen Sie mit Nora eng »Fuß« durch eine Gruppe von drei bis fünf Personen gehen (→ Seite 144). Hilfreich sind hierfür Familienangehörige, Freunde oder Bekannte, die als Gruppe »mitspielen«. Die Personen bewegen sich locker an Ort und Stelle, ohne den Hund zu beachten, und Sie gehen mit dem angeleinten Hund mehrmals durch und um die Gruppe herum. Motivieren Sie Ihre Hündin mit Leckerchen, damit sie die anderen Personen ignoriert und nur auf Sie aufmerksam fixiert bleibt. Jeden Versuch der Hündin, mit den Personen Kontakt aufzunehmen, unterbinden Sie mit einem strengen »Nein«. Ignoriert Nora die anderen, belohnen Sie ihr Verhalten hin und wieder mit einem Leckerchen. Wenn die Hündin so weit ist, dass sie beim Üben unbefangen an lockerer Leine durch die Gruppe geht und die Personen überhaupt nicht mehr beachtet, so vertiefen Sie dieses Verhalten überall da, wo in der Öffentlichkeit Menschen zusammenstehen, etwa an Bushaltestellen oder Fußgänger-Überwegen.

228. Auto – Ein- und aussteigen: **Wir sind häufiger mit dem Auto unterwegs und wollen unseren Hund mitnehmen. Was müssen wir beim Ein- und Aussteigen des Hundes beachten?**

Auf dem Weg zum Auto ist der Hund angeleint. Vor der geschlossenen Autotür lassen Sie ihn mit dem Hörzeichen »Sitz« absitzen, dann öffnen Sie die Tür. Nachdem Sie den Innenraum für den Hund vorbereitet haben, geben Sie dem Hund das aufmunternde Hörzeichen »Hopp«, erst dann darf er in den Innenraum springen. Dort leinen Sie ihn ab und sichern ihn den Vorschriften und jeweiligen Gegebenheiten entsprechend ab (→ Info Seite 111). Ist er den Kommandos besonders freudig und folgsam nachgekommen, loben Sie ihn sehr und belohnen ihn bisweilen mit einem Leckerbissen.

Beim Aussteigen sind schon viele Hunde tödlich verunglückt, weil sie beim Öffnen der Autotür selbstständig blitzschnell aus dem Auto sprangen und zum Beispiel überfahren wurden. Geben Sie deshalb, bevor Sie selbst aussteigen, dem Hund den Befehl »Bleib«, um ihn am gleichzeitigen Aussteigen zu hindern. Vor dem Öffnen seiner Autotür bekommt der Hund nochmals

DER HUND IM AUTO

Müssen Sie Ihren Hund kurze Zeit im Auto zurücklassen, sollten Sie Folgendes beachten:

➤ Sorgen Sie bei warmen Temperaturen für ausreichende Belüftung des Autos. Öffnen Sie das Schiebedach und die Seitenscheiben gerade so weit, dass der Hund nicht entweichen kann.

➤ Stellen Sie das Auto nur im Schatten ab.

➤ Bedenken Sie, dass sich der Stand der Sonne verändert. Ihr im Schatten abgestellter Pkw kann bald in der prallen Sonne stehen. 80 °C Hitze im Auto sind dann keine Seltenheit.

➤ Ist Ihr Hund beim Warten im Auto nicht in einer speziellen Box oder auf der durch ein Gitter abgesicherten Ladefläche eines Kombis untergebracht, wird er sich seinen Platz im Fahrgastraum selbst suchen. Es sei denn, Sie haben ihn mit einem speziellen Sicherheitsgurt so auf dem Rücksitz abgesichert, dass er sich nicht verheddern kann.

➤ Im Auto wartet der Hund auf seinen Menschen, der in angemessener Zeit Besorgungen macht.

das strenge Hörzeichen »Bleib«, dann beginnen Sie die Tür zu öffnen. Wird der Hund unruhig und wendet sich der Tür zu, schließen Sie diese mit einem harten »Nein« blitzschnell. Dabei sollten Sie auch in Kauf nehmen, dass er sich den Kopf anstößt. Es geht schließlich um sein Leben. Gehen Sie von der Tür weg und wiederholen Sie den Vorgang nach einigen Sekunden. Falls es wieder nicht klappt, üben Sie so oft, bis der Hund auch ohne »Bleib« beim Öffnen der Tür ruhig im Auto sitzen bleibt. Jetzt bekommt er ein Leckerchen, und Sie schließen unter lobenden Worten wieder die Tür. Nun kommt der nächste Schritt: Sie öffnen die Tür mit dem deutlichen Befehl »Bleib« und leinen den Hund, wenn er ruhig geblieben ist, an. Geben Sie ihm ein Leckerchen und schließen Sie die Tür wieder. Nach dem nächsten Öffnen loben Sie den ruhigen Hund, nehmen die Leine auf und lassen ihn nach circa fünf Sekunden mit einem »Jetzt komm« angeleint aus dem Auto springen. Nun hat sich der Hund auf Befehl zu setzen und an lockerer Leine zu warten, bis Sie so weit sind, dass Sie gehen können. Auf diese Weise trainieren Sie an jeder Tür und Seite des Autos, weil sich die Situation verändern kann.

229. Auto – Warten: Leidet der Hund, wenn er im Auto warten muss? **?**

Ein Hund, der gern und lustvoll Auto fährt, wartet in der Regel lieber mehrere Stunden allein im Auto als zu Hause. Schrittweise hat er ja gelernt, dass die Abwesenheit seines Menschen nie lange dauert, und dann fährt »sein« fahrbares Körbchen, worin er sich völlig sicher fühlt, wieder weiter und bietet ihm laufend neue Eindrücke. Hinzu kommt, dass sich meistens am Ende der Fahrt ein für ihn lustvolles Erlebnis (Spaziergang, Spielstunden oder Hundesport im Verein) anschließt. Kann der Hund solche freudigen Erwartungen mit dem Auto verbinden, dann wartet er gern im Fahrzeug.

230. **Begegnung bei Engstellen:** **Wie gehe ich richtig mit meinem Hund um, wenn ein anderer Hund an einer Engstelle entgegenkommt?**

Wenn Ihnen überraschenderweise an einer Engstelle, etwa einer schmalen Brücke, ein Hundehalter mit seinem angeleinten Hund entgegenkommt, nehmen Sie als Erstes Ihren Hund, wenn er frei läuft, in die enge Fuß-Position. Dann stellen Sie sich nah an den linken Wegrand und lassen Ihren Hund an Ihrer linken Seite absitzen. Beobachten Sie die Hunde. Verhalten sich beide neutral, das heißt, beachten sie sich nicht, dann können Sie und der andere Hundehalter nach gegenseitiger Absprache mit ihren links bei Fuß gehenden Hunden aneinander vorbeigehen. Im Moment der Begegnung schirmen Sie auf diese Weise die Hunde voneinander ab, weil sich ja zwei Menschen zwischen den beiden Tieren befinden.
Wenn Sie aus Erfahrung wissen, dass Ihr Hund aggressiv reagiert, oder wenn der entgegenkommende Hundehalter das von seinem Hund signalisiert, ist es ratsam, umzudrehen und bis zu einer breiteren Stelle zurückzugehen und erst dann mit größerem Abstand aneinander vorbeizugehen. Vorsicht ist immer besser als Nachsicht!

231. **Begegnung – Fremder Hund angeleint:** **Was muss ich alles beachten, wenn ich mit meinem Hund einem fremden angeleinten Hund begegne?**

Am Verhalten des entgegenkommenden Gespanns (Mensch und Hund) sollte man schon von Weitem erkennen, ob es bei der Begegnung der Hunde Probleme geben könnte. Hat der andere Hundehalter seinen Hund unter Kontrolle, dann wird er ihn eng bei Fuß gehen lassen. Ob der entgegenkommende Hund aggressives, unterwürfiges oder unbefangenes neutrales Verhalten zeigt, werden Sie aus seiner Körperspra-

Hier klappt die Begegnung. Besser ist es, wenn sich beide Hundehalterinnen zwischen den Hunden befinden.

che ersehen können. Wenn zwei Rüden oder zwei Hündinnen aufeinandertreffen, kann es oft Probleme geben. Fragen Sie deshalb den anderen Hundehalter nach dem Geschlecht seines Hundes, weil man dieses bei langhaarigen Hund oft nicht genau erkennen kann. Sollten Sie die geringsten Zweifel haben, dann weichen Sie dem anderen Hund so weiträumig aus, dass es zu keiner Konfrontation kommen kann.

232. Begegnung – Fremder Hund unangeleint: Was ist bei der Begegnung mit einem fremden, nicht angeleinten Hund zu tun?

Bei einem entgegenkommenden, frei laufenden Hund erkennt man an dessen Körpersprache, was er im Sinn hat. In der Regel sind frei laufende Hunde nicht von vornherein auf eine Rauferei aus. Wenn Ihnen der Hund freundlich und unterwürfig entgegenkommt, können Sie, wenn es das Gelände erlaubt, Ihren Hund ebenfalls ableinen, während Sie selbst ruhig weitergehen. Voraussetzung ist, dass Sie Ihren Hund jederzeit wieder abrufen können.

Kommt der fremde Hund aber schon steifbeinig und provozierend entgegen, dann treten Sie Ihrerseits sehr forsch auf, um ihn zu verunsichern. Versuchen Sie ihn lautstark mit Schimpfen zu vertreiben. Sie sind im Vorteil, weil Sie mit Ihrem Hund zu zweit sind. Auch Werfen von Sand, Schepperdose oder Disc-Scheiben (→ Seite 229) oder nur angedeutetes Werfen hilft manchmal, dass sich der Rüpel zurückzieht und Sie zügig weitergehen können.

233. Begegnung – Kontakt an der Leine:
Soll ich meinem Hund Gelegenheit geben, angeleint Kontakt mit einem anderen angeleinten Hund aufzunehmen?

Ein stressfreies Kennenlernen ist an der Leine nur sehr eingeschränkt möglich, weil beide Hunde durch die Leine in ihrer Körpersprache stark behindert sind. Es kommt daher oft zu Missverständnissen, die letztendlich zu Raufereien führen können (→ Seite 191). Im Übrigen geht es erwachsenen Hunden genau wie uns Menschen. Auch uns ist nicht jeder Passant so sympathisch, dass wir gleich näheren Kontakt mit ihm haben wollen.
Besser ist es, dem Hund beizubringen, in der engen Fuß-Position an dem fremden Hund vorbeizugehen (→ Seite 144).
Die wichtigen Sozialkontakte sollte Ihr Hund auf der Spielwiese, die Sie mit ihm regelmäßig besuchen, mit vorwiegend befreundeten Hunden haben. Dort ist er nicht angeleint, und es bleibt ihm dann selbst überlassen, sich mit neu hinzukommenden Hunden auf Hundeart auseinanderzusetzen.

234. Begegnung mit fremden Personen:
Worauf ist zu achten, wenn ich mit meinem Hund unterwegs bin und fremde Menschen kommen uns entgegen?

Der Hund sollte schon gelernt haben, dass er fremde Personen während des Spaziergangs zu ignorieren hat. Wenn es der Platz erlaubt, weichen Sie mit Ihrem angeleinten Hund nach links aus, sodass die fremden Personen, die eventuell vor Ihrem Hund Angst haben, in sicherem Abstand rechts an Ihnen vorbeigehen können. Läuft Ihr Hund frei, rufen Sie ihn in die Fuß-Position. Nur wenn es notwendig ist, halten Sie ihn am Halsband. Wird es eng, rufen Sie Ihren Hund, ob angeleint oder frei laufend, ebenfalls in die Fuß-Position. In jedem Fall sollten Sie sich zum Zeitpunkt der Begegnung zur Sicherheit zwischen Ihrem Hund und den fremden Personen befinden.

235. Begegnung mit Kindern: **Ich habe einen recht drollig aussehenden Mischling, den viele Kinder streicheln wollen. Was muss ich bei solchen Begegnungen beachten?**

Ist Ihr Hund auf Kinder sozialisiert, sollten Sie den Kindern Gelegenheit geben, den Hund näher kennenzulernen. Dabei muss der Hund immer angeleint sein. Achten Sie darauf, dass sich die Kinder dem Hund von vorne nähern, sich dabei ruhig verhalten und nicht hinter seinem Rücken herumhampeln.
Am besten ist es, wenn das Kind in einem Abstand von einem Meter vor dem Hund stehen bleibt (und sich nicht klein macht), ohne ihn gleich zu streicheln. Es kann den Hund freundlich ansprechen und ihm seine Hand zum Beschnüffeln anbieten. Der Hund soll selbst entscheiden, ob er mit dem Kind Kontakt aufnehmen möchte oder nicht. Geht er nicht zu dem Kind hin, um es zu beriechen, sollten Sie es dabei belassen und dem Kind erklären, warum es in diesem Fall nicht streicheln darf.

INFO

Konsequenzen der Tierhalterhaftung
Weil der Hund nicht vorsätzlich oder fahrlässig handeln kann, muss der Hundehalter für jeden Schaden haften, den sein Vierbeiner im weitesten Sinn verursacht hat, auch wenn er selbst keine Schuld hatte (§ 833 Bürgerliches Gesetzbuch). Eine Tierhalterhaftpflicht-Versicherung schützt vor Haftungsansprüchen im Ernstfall, die bisweilen sehr hoch sein können. Sie sollten diese Versicherung sofort bei der Anschaffung eines Hundes abschließen.

236. Begegnung – Raufende Hunde: Wie reagiere ich richtig, wenn es mal zur Rauferei zwischen einem fremden Hund und meinem kommt?

Es ist kein Zeichen von asozialem Verhalten, wenn sich Hunde aus irgendwelchen Gründen bisweilen in die Haare geraten. Gutes Sozialverhalten zeigt sich erst, wenn beide Hunde die sozialen Regeln beachten: Sobald sich der Schwächere unterwirft, muss der Stärkere den Kampf beenden, weil durch das Aufgabe-Signal der Demutshaltung bzw. der passiven Unterwerfung des Schwächeren seine Beißhemmung funktioniert. In der Regel sind Raufereien auch nur reine Schaukämpfe ohne ernsthafte Verletzungen. Zu Verletzungen kommt es häufig erst, wenn sich die Menschen einmischen und die Hunde durch Einschlagen mit Taschen oder Ähnlichem trennen wollen.
Ist ein Eingreifen notwendig, etwa weil einer oder beide Hunde die Regeln nicht einhalten, dann sollten Sie und der andere Hundehalter versuchen, jeweils die Rute des eigenen Hundes zu fassen und die Hunde hochzuheben. Wenn sie keinen Boden mehr unter den Füßen spüren, werden sie den Kampf einstellen. Nutzen Sie dann das Überraschungsmoment und leinen Sie Ihre Hunde an.
Wenn beide Hundehalter aus verschiedenen Gründen nicht in der Lage sind, die Hunde zu trennen, hilft oft nur, von den Hunden wegzugehen und diese ausraufen zu lassen.

237. Fahrrad fahren: Ich möchte meinen Hund auch zum Fahrradfahren mitnehmen. Was muss ich dabei beachten?

Der Hund sollte mindestens ein Dreivierteljahr alt und topfit sein, um am Fahrrad laufen zu können. Außerdem sollte er einer Rasse angehören, die eine Schulterhöhe von mindestens 40 Zentimetern aufweist. Bei kleineren Hunden kommt Fahrrad fahren aus gesundheitlichen Gründen nur in besonderen Ausnahmefällen infrage.

Beim Führen eines Hundes vom Fahrrad aus gilt das Rechtsführgebot, weil dadurch der Hund auf der dem Verkehr abgewandten Seite läuft. Auf stark befahrenen Straßen muss der Hund angeleint sein. Im Fachhandel gibt es dafür spezielle Halterungen. Strecken von über fünf bis höchstens 20 Kilometer müssen Sie dem Hund langsam angewöhnen, indem Sie die Distanz allmählich ausdehnen. Mehr als 20 Kilometer sollte kein Hund am Fahrrad laufen.

Übrigens: Den Hund aus Bequemlichkeit nur am Fahrrad an der Leine zu bewegen, ohne ihn zusätzlich noch zu beschäftigen, ist keine artgerechte Haltung.

238. Gassi gehen (Ausführen): Wie wichtig ist es, mit dem Hund regelmäßig Gassi zu gehen?

Die Einhaltung bestimmter Zeiten beim Gassigang hilft dabei, den Hund zur Stubenreinheit zu erziehen und diese Sauberkeit zu erhalten. Regelmäßig heißt aber nicht pünktlich auf die Minute. Sonst verlangt der Hund auch konsequent diesen Rhythmus und fängt pünktlich an zu quengeln, was auf Dauer sehr lästig sein kann. Die innere Uhr eines Hundes funktioniert nämlich perfekt.

Hier gilt aber auch der Erziehungsgrundsatz: Wann, wie lange, wohin gegangen wird, entscheidet immer der Mensch. Dem erwachsenen, gesunden Hund können zeitliche Verschiebungen von plus/minus einer

Regelmäßige Jagdspiele bieten nicht nur artgerechte Bewegung, sondern fördern auch das Sozialverhalten.

Stunde nicht schaden. Ein Hund, der den größten Teil des Tages mit seinem Menschen verbringt, ist von regelmäßigen Gassigängen sowieso nicht abhängig. Bei diesem Hund verteilen sich die Aktivitäten außerhalb der Wohnung auf den ganzen Tag, zwischendurch hat er genügend Gelegenheit, sich zu lösen.

239. Gassi gehen – Links oder rechts gehen: Gibt es eine Regel, an welcher Seite man den Hund führen soll?

Muss der Hund beim Gassigang in Verkehrsbereichen aus Sicherheitsgründen an der Leine geführt werden, so soll es trotzdem für ihn eine lockere Sache sein. Ich verwende dafür eine circa 2,20 Meter lange Führleine, in deren lockeren Bereich der Hund sowohl rechts als auch links die Gegend abschnuppern und sich lösen kann. Man muss lediglich darauf achten, dass der Hund im lockeren Bereich der Leine bleibt und nicht daran zerrt. Sobald es die Verkehrsumstände erfordern, wird der Hund mit dem Hörzeichen »Fuß« an die linke Seite gerufen, um beispielsweise eine Engstelle zu passieren.
Bei Erziehungsübungen ist es allgemein üblich, den Hund links zu führen, vor allem wenn Sie mit Ihrem Hund Prüfungen ablegen wollen. Wenn dies nicht der Fall ist, können Sie Ihren Hund entweder rechts oder auch links führen. Dann müssen aber alle Familienmitglieder einheitlich dieselbe Seite wählen.

240. Grundgehorsam in der Öffentlichkeit: Warum ist der Grundgehorsam so wichtig?

Der Hund ist wohl das einzige Haustier, mit dem man sich öffentlicher Kritik aussetzt. Der unerzogene, streunende oder wildernde Hund lebt zudem sehr gefährlich, und er wird deshalb oft auch nicht alt. Denn Jäger dürfen einen Hund abschießen, wenn sie ihn außerhalb einer geschlossenen Ortschaft beim Wildern antreffen.

Ein zuverlässig und freudig gehorchender Hund kann in der Öffentlichkeit viel lockerer geführt werden und genießt dadurch viele Freiheiten. Seine gute Erziehung schützt ihn vor vielen Gefahren, und da er fast überall dabei sein kann, hat er eine beträchtlich höhere Lebensqualität als sein unerzogener Artgenosse. Die wichtigsten Befehle des Grundgehorsams, die jeder Hund beherrschen sollte, sind: »Sitz« (→ Seite 148), »Platz« (→ Seite 146), »Hier« (→ Seite 134), »Fuß« (→ Seite 141), »Bleib« (→ Seite 204) und »Nein« (→ Seite 136, 146).

241. Gewöhnen an viele Menschen: Wie gewöhne ich meinen Hund daran, dass er in der Fußgängerzone oder an einem anderen Ort zwischen vielen Menschen keine Angst hat?

Problemlose Umwelt – lachender Hund mitten in der Fußgängerzone.

Bei einem guten Züchter und dann ab der achten Woche bei Ihnen ist der

Hund hoffentlich während der Sozialisierungsphase ausreichend auf seine Umwelt sozial geprägt worden. Dazu gehört auch, dass der Welpe Orte kennengelernt hat, wo sich viele Menschen aufhalten und bewegen (→ Seite 114). Hunde, die auf diese Weise geprägt wurden und die, während sie unter vielen Menschen waren, nichts Negatives erlebt hatten, bereiten auch später unter vielen Menschen keine Probleme.

Haben Sie dagegen einen Hund mit diesbezüglichen Problemen aus zweiter Hand übernommen, müssen Sie ihn behutsam an solche Verkehrsbereiche heranführen und langsam an viele Menschen gewöhnen. Prüfen Sie jedoch zunächst immer, ob es speziell für Ihren Hund unbedingt eine Steigerung seiner Lebensqualität bedeutet, sich unter vielen fremden Leuten zu bewegen. Manche Hunde, wie zum Beispiel Herdenschutzhunde oder Hunde mit übersteigertem Schutztrieb, können oft rasse- oder ausbildungsbedingt Probleme in Menschenansammlungen haben. Mit diesen Hunden sollte man Menschenansammlungen meiden.

242. Hundekot: **Wenn ich die Hinterlassenschaft meines Hundes gleich in den Abfall entsorge, ist es dann nicht egal, wo mein Hund seinen Kot absetzt?**

Im Prinzip ja, denn mit einer mitgeführten Plastiktüte ist das Geschäft schnell beseitigt und im nächsten Abfallkorb entsorgt. Da Hunde ihre Notdurft nicht selbst ordnungsgemäß entsorgen können, ist der Mensch verpflichtet, in dieser Hinsicht für Sauberkeit zu sorgen. Hundekot wird vom Gesetzgeber als bewegliche Sache unter den Abfallbegriff des Abfallgesetzes (AbfG) eingeordnet. Entfernen Sie den Kot nicht, kann das den Tatbestand einer Ordnungswidrigkeit erfüllen und ist bußgeldpflichtig, wenn der Hundehalter zur Beseitigung verpflichtet ist. Dies ist in den einzelnen Städten und Gemeinden unterschiedlich geregelt.

Von klein auf sind Hunde bestrebt, ihren Kot auf Naturboden, gern unter Büschen oder eng an Bäumen, abzusetzen. Wir Hundehalter müssen dafür sorgen, dass der Hund auch in den Städten natürliche Plätze findet, damit er seinen Kot nicht notgedrungen auf Gehwegen und anderen, von Menschen begangenen Flächen absetzen muss.

243. Hund im Restaurant: Worauf ist zu achten, wenn ich meinen Hund in ein Café oder Restaurant mitnehme?

Voraussetzung für einen Gaststättenbesuch mit Hund ist, dass Ihr Vierbeiner einen zuverlässigen Grundgehorsam hat (→ Seite 193). Fragen Sie vorher, ob der Wirt die Mitnahme des Hundes erlaubt. Suchen Sie sich einen ruhigen Platz, wo Sie eventuell Rückendeckung für Ihren Hund haben. Dieser sollte die ganze Zeit angeleint bleiben. Weisen Sie dem Hund mit dem Hörzeichen »Platz und Bleib« einen entsprechenden Liegeplatz zu, den er nicht verlassen darf. Eine kleine mitgebrachte Matte macht es ihm leichter liegen zu beiben, denn sie riecht vertraut. Wenn Ihr Hund zu Hause gelernt hat, auf seinem von Ihnen zugewiesenen Platz zu bleiben, wird es auch im Lokal klappen. Zur Sicherheit setzen Sie sich auf das Ende der Leine, damit Sie den Hund unter Kontrolle behalten und auf ihn einwirken können. Die Bedienung hat der Hund absolut zu ignorieren. Erst wenn Sie bezahlt haben, steht der Hund auf, und Sie verlassen mit dem angeleinten Hund die Gaststätte.

244. Hund im Vorgarten: Mein Hund läuft gern in offene Vorgärten. Soll ich ihm das lieber abgewöhnen?

Schön angelegte und nicht eingezäunte Vorgärten zwischen Gehweg und Haustür sind meist der ganze

Stolz der Hausbesitzer. Weil sie zu den wenigen Naturflächen innerhalb der Siedlungen gehören, sind die Hunde sehr daran interessiert, dort zu schnüffeln und ihre Markierungen anzubringen. Für einen gut erzogenen Hund und vernünftigen Hundehalter sollten sie jedoch tabu sein. Verwenden Sie für das Üben die drei Meter lange Ausbildungsleine. Bleiben Sie jedes

> *Wenn Sie viel mit Bus und Bahn unterwegs sind, sollten Sie dies rechtzeitig mit Ihrem Hund üben.*

Mal, wenn Ihr Hund gerade in einen Garten oder Vorhof abbiegen will, abrupt mit einem bestimmt gesprochenen »Nein« stehen, sodass er in die Leine prellt. Wenn er das erste Mal allein auf das »Nein« die Absicht aufgibt, den Garten zu betreten, bekommt er ein großes Lob und ein Leckerchen. Wenn Sie das konsequent auf jeder Tour mit Ihrem Hund durchziehen, bleibt er später auf dem Gehweg.

245. Hund mitnehmen: Muss der Hund auch in der Öffentlichkeit überall dabei sein?

Unsere Hunde sind in der Regel arbeitslos und erfüllen fast durchwegs nur noch soziale Aufgaben. Als Rudeltier ist der Hund am liebsten immer und überall dabei, was bei entsprechend guter Erziehung kaum Probleme macht. Trotzdem sollten Sie im Einzelfall immer vorher überlegen, ob es angebracht ist, den Hund mitzunehmen. Massenveranstaltungen, Feuerwerke oder Feste mit hohem Alkoholpegel machen dem Hund keine Freude. Wenn Sie gepflegt zum

Essen gehen wollen, muss der Hund auch nicht unbedingt dabei sein. Ihre Entscheidung müssen Sie im Einzelnen mit Augenmaß und Fingerspitzengefühl treffen, sie muss nicht zuletzt von der Rücksichtnahme anderer Menschen gegenüber geprägt sein.

246. **Hund – Reaktionen aus Angst:** Was alles kann Hunde verunsichern und dadurch eventuell aggressive Reaktionen auslösen?

Wie stark ein Hund auf Angst auslösende Dinge reagiert, ist davon abhängig, ob und wie gut er in den frühen Prägungsphasen auf die Umwelt sozialisiert wurde (→ Seite 40). Auch seine hohe oder niedrige Reizschwelle (→ Info unten) oder seine Nervenstärke spielen eine große Rolle. In dieser Hinsicht schlecht ausgestattete Hunde können durch vielerlei Dinge oder Begebenheiten verunsichert werden:

➤ Hinkende, mit Gehgips, Stock oder mit Krücken gehende Menschen
➤ Menschen mit Wirbelsäulenbeschwerden, die gebückt auf den Hund zugehen
➤ Hyperaktiv agierende Kinder
➤ In der Dämmerung entgegenkommende, dunkel gekleidete Menschen

INFO

Reizschwelle
Unter Reizschwelle kann man sich eine gedankliche Mauer vorstellen, die verhindert, dass Außenreize auf den Hund einwirken. Ist seine Reizschwelle niedrig (niedrige Mauer), dann können umso mehr Außenreize auf den Hund einwirken, auf die er reagieren wird. Dieser Hund hört sogar »die Flöhe husten«. Je höher aber die Reizschwelle (Mauer) ist, desto weniger Reize erreichen den Hund. Diesen Hund kann kaum etwas aufregen.

➤ Alkoholisierte Menschen
➤ Menschen, die sich mit übertriebenem Körperkontakt und hektisch begrüßen
➤ Hysterisch auf den Hund reagierende Menschen mit entsprechenden Abwehrbewegungen
➤ Menschen, die sperrige Gegenstände (etwa eine Leiter) tragen
➤ Explosionsartige Geräusche in unmittelbarer Nähe
➤ Das plötzliche Auftauchen eines anderen Hundes an einer unübersichtlichen Hausecke

247. Hund und Ausritt: **Ist es möglich, einen Hund beim Ausreiten frei neben dem Pferd laufen zu lassen?**

Wenn der Hund körperlich gesund und rassespezifisch dazu in der Lage ist, mit allen Gangarten eines Pferdes Schritt zu halten, müssen Sie ihm nur noch den nötigen Gehorsam beibringen. Er muss von klein auf lernen, während des Ausritts immer an der Seite des Pferdes zu bleiben. Er darf weder wildern noch seinen eigenen Interessen nachgehen.
Bauen Sie die Übung wie eine »Fuß-Übung« auf (→ Seite 141). Hierzu benötigen Sie bei der Erziehung eine fünf bis sieben Meter lange Leine, die Sie über lange Zeit konsequent anwenden müssen. Der Hund muss an Pferde gewöhnt sein, und natürlich darf das Pferd keine Angst vor Hunden haben.
Ich kenne leider nur sehr wenige Leute, die an Ausritten mit Hund auf Dauer problemlos Freude haben.

248. Hund und Jogger: **Wie muss ich reagieren, wenn uns beim Spaziergang ein Jogger etc. entgegenkommt?**

Wenn Sie Ihren Hund beim Spaziergang frei laufen lassen, ist Voraussetzung, dass er zuverlässig gehorcht. In diesem Fall gehört es zu den ungeschriebenen

MIT DEM HUND AM BADESEE

Es gibt nur noch ganz wenige Badeseen, die für Hunde nicht verboten sinJ, weil sich leider immer wieder einige Hunde-halter über alle Anstandsregeln hinwegsetzen und andere Badegäste mit ihren meist unerzogenen Hunden belästigen. Beachten Sie: Es teilen nicht alle Menschen Ihre Hunde-begeisterung!

➤ Ihr Hund sollte sozial verträglich sein und auch Kinder zumindest tolerieren.

➤ Bevor Sie an den See gehen, sollten Sie dem Hund ausrei-chend Gelegenheit geben, sich zu lösen. Wenn trotzdem etwas passiert, entfernen Sie das Geschäft sofort mit einer Plastiktüte und graben Sie es nicht einfach ein.

➤ Ihr Hund sollte nicht durch ungepflegtes Fell auffallen, sonst rufen Sie gleich die Hygiene-Wächter auf den Plan.

➤ Sorgen Sie an Ihrer Liegestelle eventuell durch einen Son-nenschirm für Schatten für Ihren Hund. Er könnte noch leichter als Sie einen Hitzschlag erleiden.

➤ Sorgen Sie dafür, dass der Hund andere Badegäste nicht belästigt oder pitschnass über deren Decken läuft.

➤ Spielen Sie keine wilden Spiele mit Ihrem Hund, die ihn zum Bellen reizen.

➤ Werfen Sie keine Bälle zum Apportieren mitten in die schwimmenden Badegäste.

➤ Verhindern Sie, dass Ihr Hund Leute beim Grillen belästigt.

➤ Lassen Sie Ihren Hund nicht ohne Aufsicht herumstreunen.

➤ Wenn auch andere Hunde anwesend sind, orientieren Sie sich, ob diese verträglich sind.

➤ Haben Sie selbst einen problematischen Hund, halten Sie ihn unter absoluter Kontrolle.

➤ Unterlassen Sie die Fellpflege eines stark haarenden Hundes in Seenähe.

Gesetzen, dass speziell Jogger, aber auch Radfahrer, Skater und andere Passanten am Verhalten des frei laufenden Hundes klar erkennen müssen, dass er für sie keine Gefahr darstellt. Daher lassen Sie Ihren Hund bei Annäherung eines Joggers oder Radfahrers usw. auf Entfernung die Übung »Platz« oder »Sitz« ausführen, um ihn an unkontrollierter Bewegung zu hindern. Wenn das Ihr Hund noch nicht kann, sollte er sich zumindest mit »Hier« und »Fuß« ganz sicher kontrollieren lassen. Ansonsten dürfen Sie ihn nicht unangeleint führen. Wenn der Jogger vorbei ist, können Sie den Hund zum Beispiel mit einem »Okay« wieder freigeben.

249. Hund und Kinderspielplatz: Was muss man bei Kinderspielplätzen beachten?

Kinderspielplätze sollten Sie bei Ihren Spaziergängen mit Hund nicht aufsuchen, denn die rennenden, schaukelnden, Ball werfenden und im Sand grabenden Kinder bedeuten für jeden Hund, speziell aber für einen jungen, temperamentvollen Hund sehr viele Reizlagen (→ Seite 251). Um einen Hund an Kinder zu gewöhnen, kann man sich zeitweise in der Nähe eines Spielplatzes oder eines Kindergartens mit dem angeleinten Hund aufhalten.

Auf dem Kinderspielplatz selbst haben Hunde nichts zu suchen. Kinder sollten sich auf ihrem Spielplatz in ihrem Temperament nicht zügeln müssen, weil sich ein nicht ganz nervenfester Hund dort aufhält, der nicht erschreckt oder gereizt werden darf.

250. Joggen mit Hund: Was kann ich beim Joggen mit meinem Hund verkehrt machen?

Ihr Hund freut sich sicher, wenn Sie ihn zum Joggen mitnehmen, wie über alles, was er zusammen mit Ihnen machen kann. Ältere, herzkranke oder chro-

Wenn Sie mit Ihrem Hund joggen, darf er nur ohne Leine laufen, wenn er den absoluten Gehorsam hat.

nisch lahme Hunde dürfen Sie jedoch nicht überfordern. Beim rundum gesunden Hund sollten Sie Folgendes beachten:

➤ Richtig Spaß macht es erst mit einem Hund, der einen guten Grundgehorsam hat, der also alle Übungen von Seite 194 perfekt beherrscht.

➤ Lassen Sie ihn vorher ausreichend herumschnuppern und sich gänzlich entleeren, weil er dies während des Joggens nicht darf.

➤ Bringen Sie ihm bei, angeleint korrekt an Ihrer rechten oder linken Seite zu laufen und sich Ihrem Tempo anzupassen. Dazu bauen Sie in die Übung »Bei Fuß« immer mal wieder Laufstrecken ein und ermuntern den Hund mit dem Hörzeichen »Fuß« zum Mitlaufen.

➤ Laufen Sie anfangs nicht zu schnell oder zu lange. Machen Sie zwischendurch kleine Pausen, damit er herumschnuppern und eventuell markieren kann.

➤ Später verhindern Sie mit einem bestimmten »Nein« und gleichzeitigem Signal über die Leine (Leinenruck) jeden Versuch, anzuhalten, herumzuschnuppern oder zu markieren.

➤ Vermeiden Sie Wege mit scharfkantigem Splittbelag, bei Hitze heiße Teerböden oder im Winter gesalzene Wege. Der Hund könnte sich sonst die Pfoten verletzen. Überprüfen und kürzen Sie eventuell zu lange Krallen.

➤ Lassen Sie bei heißem und feuchtem Klima Ihren Hund zu Hause. Er könnte einen Hitzschlag erleiden.

➤ Joggen Sie immer mit angeleintem Hund, sonst ängstigt oder belästigt der Hund andere Sporttreibende oder Spaziergänger.

251. Kind – Hund ausführen: **Kann ich meinen Nachbarkindern (12 und 13 Jahre) meinen Dackel zum Spaziergang mitgeben?**

Voraussetzung ist, dass Ihr Dackel einen guten Grundgehorsam hat und dass die Rangordnung stimmt; der Hund muss auch auf die Kinder hören. Die Straßenverkehrsordnung verlangt, dass Hunde im Straßenverkehr von geeigneten Personen geführt werden müssen, die ausreichend auf das Tier einwirken können. Wenn Ihr Dackel zu den beiden Kindern eine gute Beziehung hat und die Kinder vernünftig mit ihm umzugehen gelernt haben, ist aus Sicht des Gesetzes und auch des Tierschutzes nichts gegen regelmäßige Spaziergänge einzuwenden. Gehen Sie bei den ersten Spaziergängen mit den Kindern mit und stellen Sie sie auf eventuelle Eigenheiten Ihres Dackels ein. So können Sie sich auch von der Zuverlässigkeit der Kinder ein Bild machen. Einzige Einschränkung: Der Dackel darf von den Kindern nicht von der Leine gelassen werden.
Das alles gilt übrigens auch für größere Hunde. Sobald Heranwachsende die Voraussetzungen nach der Straßenverkehrsordnung erfüllen, dürfen sie auch mit größeren Hunden spazieren gehen.

252. Läufige Hündin: **Meine Hündin ist läufig. Wie muss ich mich mit ihr in der Öffentlichkeit verhalten?**

Wundern Sie sich nicht, wenn Ihre gut erzogene Hündin zweimal im Jahr während der Läufigkeit nicht mehr so perfekt gehorcht oder sich im Wesen verändert. Das ist normal. Im Gegensatz zur Hündin werden Rüden erst läufig, wenn sie durch die Gerüche einer läufigen Hündin stimuliert werden. Gut drei Wochen lang sendet die Hündin starke geruchliche Signale aus, die Rüden selbst auf weite Entfernungen anlocken. Am stärksten sind diese Gerüche während der etwa zehn Tage dauernden Standhitze (→ Seite 251). Auch die Hündin versucht in dieser Zeit, zum Rüden zu gelangen. Aus diesem Grund dürfen Sie ihr keine Gelegenheit geben auszubüxen, indem Sie sie allein im Garten oder die Haustür offen stehen lassen. Wenn Sie auf Ihrem täglichen Gassigang auch auf Rüden treffen, ist es ratsam, während der Standhitze eine andere Route zu wählen, wo keine Rüden leben, oder die Ausführzeiten mit den Rüden-Besitzern abzusprechen. Auch die notwendigen Spaziergänge sollten Sie in Gegenden verlegen, wo keine Rüden unterwegs sind. Und lassen Sie die Hündin nie (!) von der Leine, ihr Gehorsam ist in dieser Zeit nicht so gut. Wenn sie ungewollt gedeckt wird, trifft die Verantwortung Sie und nicht den Rüdenbesitzer. Rüden werden erst sexuell aktiv, wenn sie eine läufige Hündin riechen. Ansonsten verhalten sie sich neutral.

253. Praxis – Übung »Bleib«: Wo kann ich die Gehorsamsübung »Bleib« in der Praxis einsetzen?

Dies ist überall dann möglich, wenn Sie vom Hund weggehen möchten und er Ihnen nicht folgen soll. Zum Beispiel, wenn Ihnen der Hund in der Wohnung überallhin nachläuft und Sie ihm das Alleinbleiben beibringen wollen. Oder wenn Sie in einem Geschäft einkaufen wollen, und der Hund muss davor warten. Das Kommando »Bleib« ist aber auch immer dann nötig, wenn Ihr Hund eine befohlene Position, wie Sitz

Mit der Übung »Platz und Bleib« können Sie den Hund an einer sicheren Stelle ablegen, wo er nicht stört.

oder Platz, so lange beibehalten soll, bis Sie diese mit einem anderen Befehl wieder auflösen (→ Info Seite 148). Beim Verlassen des Autos bannen Sie den Hund mit »Bleib« so lange an seinen Sitz, bis Sie ihm erlauben auszusteigen (→ Seite 184). Wenn Sie ohne ihn die Wohnung verlassen, dann tun Sie es mit einem deutlichen, aber knappen »Bleib«.

254. Praxis – Übung »Fuß«: **Wann muss man die Grundgehorsamsübung »Fuß« auch im täglichen Leben anwenden?**

Bei Fuß gehen bedeutet, dass der Hund auf das Kommando »Fuß« die Position links von Ihnen einnimmt, egal, in welcher Stellung er sich gerade befindet. Kurzfristiges enges Fuß-Gehen kann notwendig werden, wenn es auf Gehwegen eng wird (etwa im Baustellenbereich) oder wenn Sie sich in Gegenden mit vielen Menschen aufhalten, zum Beispiel in einer Fußgängerzone. Beim Überqueren einer Straße, auch auf dem Fußgängerüberweg, sollte der Hund aus Sicherheitsgründen immer eng bei Fuß gehen.

255. Praxis – Übung »Hier«: **Wie kann ich die Grundgehorsamsübung »Hier« in den täglichen Umgang mit dem Hund einbauen?**

Das Kommando »Hier« verwenden Sie immer, wenn Sie Ihren frei laufenden Hund schnell zu sich rufen müssen. Dazu sollte der Hund gelernt haben, schnell und freudig zu kommen und sich aufmerksam vor Sie zu setzen (→ Seite 150). Mit dieser Übung haben Sie die Möglichkeit, den Hund von Gefahren oder unerwünschten Begegnungen abzurufen. Um die Schnelligkeit und Freude nicht abstumpfen zu lassen, müssen Sie den Hund in wechselnden Abständen für seinen Eifer mit einem Spiel oder Leckerchen belohnen. Er darf nicht immer nur gerufen werden, wenn er

In der Bahn oder im Bus sollte der Hund so sitzen, dass er andere Fahrgäste nicht behindert oder belästigt.

anschließend angeleint wird. Das würde ihn frustrieren.

256. Praxis – Übung »Nein«: Wie wichtig ist das Unterlassungskommando »Nein« beim Umgang in der Öffentlichkeit?

Das Unterlassungshörzeichen »Nein« ist wichtig, um unerwünschtes Verhalten abzubrechen oder bereits im Entstehen zu verhindern. Mit »Nein« können Sie dem Hund auch speziell in der Öffentlichkeit Grenzen setzen. Mit diesem sozio-negativ gefärbten »Nein« (→ Seite 136) lassen sich alle unerwünschten Verhaltensäußerungen oder alle Dinge, die dem Hund verboten sind, belegen. Dazu sollte er sich in Ihrem Einwirkungsbereich befinden.
Mit »Nein« können Sie zum Beispiel die versuchte Aufnahme von Fremdkörpern, versuchtes Pinkeln an unerwünschten Stellen, den Versuch, den Gehsteig zu verlassen, den Versuch, die Couch oder den Sessel zu benutzen, usw. verhindern.

257. Praxis – Übung »Platz«: Welche Gelegenheiten bieten sich an, die Grundgehorsamsübung »Platz« in der Öffentlichkeit zu üben?

Die Übung »Platz« ist die nützlichste und auch sicherste Gehorsamsübung, wenn Sie den Hund für längere Zeit an einen bestimmten Platz binden wollen. In der liegenden Position haben Sie den Hund auch besser unter Kontrolle. Ob unter der Sitzbank in einer Gaststätte oder neben dem Sitzplatz im Zug –

der Hund darf die befohlene Position »Platz« erst verlassen, wenn Sie den Befehl wieder aufgehoben haben. Wenn der Hund »Platz« perfekt beherrscht, dann lässt er sich eventuell vor dem Beginn einer Hasenjagd einbremsen, oder Sie können seine Jagd auf eine Katze verhindern. Auch so manchen lästigen Kläffer kann man mit der Zeit ruhiger bekommen, wenn man ihn jedes Mal konsequent »Platz« schickt, wenn er anfängt zu bellen. Bei unruhigem Verhalten im Auto hilft die Platz-Übung ebenfalls, um den Hund zu beruhigen, damit er Sie beim Fahren nicht gefährden kann.

258. Praxis – Übung »Sitz«: Wie kann ich die Grundgehorsamsübung »Sitz« in die Praxis umsetzen?

Mit dem Befehl »Sitz« kann man den Hund an eine bestimmte Stelle bannen und ihn an weiterer Bewegung hindern. Gleichzeitig wird seine Aufmerksamkeit auf Sie fixiert. Dies ist zum Beispiel wichtig, wenn Sie mit ihm in der Stadt unterwegs sind, und Sie kommen an eine Kreuzung mit roter Ampel. Lassen Sie ihn am Straßenrand »Sitz« machen; wenn die Ampel auf Grün umschaltet, überqueren Sie die Straße mit ihm mit dem Kommando »Fuß«. Vor dem An- oder Ableinen bringen Sie den Hund ebenfalls in die sitzende Ruhestellung, denn sie ermöglicht ein stressfreies Hantieren an seinem Halsband. Auch während einer Aufzugfahrt, beim Benutzen von öffentlichen Verkehrsmitteln oder während der Unterhaltung mit einem Bekannten ist ein ruhig sitzender Hund für alle Beteiligten sehr angenehm.

259. Spaziergang: Was ist beim Spaziergang grundsätzlich zu beachten?

Regelmäßige Spaziergänge mit dem Hund sind notwendig …

… damit er seinen Darm und seine Blase entleeren kann; sie dienen somit seiner Gesundheit.

… damit er dabei die Markierungen und Ausscheidungen anderer Hunde beschnuppern kann (»Zeitung lesen«). Dies befriedigt sein angeborenes Informationsbedürfnis.

… weil der Hund als Rudeltier auch außerhalb des Hauses alles mit seinem Menschen erleben möchte. So kommt es zu regelmäßigen artgerechten Trieberfüllungen.

… weil ein sinnvoll gestalteter Spaziergang für den Hund ein gutes Training für Körper und Geist bedeutet. Und das nicht nur für den Hund allein.

Damit die Spaziergänge erfolgreich sind …

… darf ein Hund nur dort vorübergehend frei laufen, wo es für ihn und für die Umwelt ungefährlich ist.

… sollten Sie den Hund in Verkehrsbereichen grundsätzlich anleinen, denn auch der besterzogene Hund kann plötzlich triebhaft (→ Seite 251) und daher unvorhersehbar handeln.

… darf selbst der gut erzogene frei laufende Hund auch in der sogenannten »freien Natur« (Feld und Flur) nicht die Wege verlassen. Alle selbstständigen Aktionen, die ihn weiter als zwei Meter abseits des Weges führen, sollten Sie als unerwünschtes Jagdverhalten unterbinden. Ist eine Vertiefung dieser Übung notwendig, dann setzen Sie die lange Leine ein (→ Seite 77).

… sollten Sie beim Waldspaziergang oder gar abseits der Wege beim Pilzesuchen den Hund grundsätzlich an der Leine führen.

260. Spaziergang – Gestaltung: Wie gestalte ich einen Spaziergang mit dem Hund sinnvoll?

Hunde kommen schon während der Vorbereitungen zum Spaziergang in eine ähnlich freudige Erregtheit wie ein Wolfsrudel vor dem Aufbruch zur gemeinsamen Jagd. Um den Spaziergang auch zu einem

GEFAHRLOS SPAZIEREN GEHEN

Sie können Spaziergänge mit Ihrem Hund nur stressfrei genießen, wenn Sie mit Ihrem Verhalten Gefahren vorausschauend vermeiden.

➤ Solange Ihr Hund nicht zuverlässig gehorcht, müssen Sie ihn immer und überall an der Leine führen.

➤ Wenn Sie am Grundstück eines Kontrahenten Ihres Hundes vorbeigehen müssen, sollten Sie auf alle Fälle die Straßenseite wechseln, damit die Hunde nicht am Zaun aggressiv werden können.

➤ Wenn Sie sich einer unübersichtlichen Einmündung nähern, nehmen Sie Ihren Hund ganz eng bei Fuß, um an der Hausecke nicht unangenehm überrascht zu werden oder Entgegenkommende zu erschrecken.

➤ Führen Sie auf Baustellen den Hund wegen Verletzungs- oder Absturzgefahr immer angeleint.

➤ Motivieren Sie bei unbekannten Gewässern den Hund nicht zum Hineinspringen.

➤ Lassen Sie alte und sehr junge Hunde nicht in einem Fluss mit starker Strömung schwimmen.

➤ Lassen Sie Ihren Hund nur auf der Eisfläche eines gefrorenen Gewässers laufen, das zum Betreten frei gegeben ist (Einbruchgefahr!).

➤ Beobachten Sie immer erst die Umgebung, bevor Sie den Hund ableinen und frei laufen lassen.

➤ Meiden Sie Begegnungen mit sehr aktiven Kindern, mögliche Begegnungen mit Wild oder anderen Tieren und unerwünschte Kontakte mit Artgenossen gleichen Geschlechts.

➤ Verhindern Sie Begegnungen mit Rad- oder Mopedfahrern, Joggern oder besonders ängstlichen Menschen.

➤ In unübersichtlichem Gelände könnten Sie von unerwarteten Begegnungen überrascht werden.

gemeinsamen lustvollen Erlebnis werden zu lassen, sollten Sie daraus keinen Pflicht-Gassigang machen, sondern den Spaziergang gestalten. Wichtig ist, dass Sie Regie führen und nicht der Hund durch Zerren an der Leine die Richtung und die Geschwindigkeit des Ausflugs bestimmt. Gehen Sie nicht eingetretene Pfade, sondern bieten Sie Ihrem Hund selbst beim kurzen Gassigang hin und wieder neues Terrain. Lassen Sie sich für den Hund Aufgaben und Spiele einfallen, die seine Intelligenz und hervorragenden Sinne fordern, als Ersatz seine jagdlichen Triebe befriedigen und ihm gleichzeitig die artgerechte Bewegung (→ unten) verschaffen. Beispiele sind ein Slalom um Baumstämme, Hürdenlauf über liegende Holzstämme oder Durchwaten eines flachen Baches. Weitere Vorschläge → Info Seite 211.

261. Spaziergang – Hund beschäftigen: Wie befriedige ich das Bewegungsbedürfnis meines Hundes?

Viele Hundehalter sind der irrigen Meinung, dass unsere Hunde einen enormen Bewegungsbedarf haben. Die heutigen Hunde leiden aber weniger an Bewegungsmangel als an Beschäftigungslosigkeit. Von Natur aus bewegt sich auch der Hund immer nur zielgerichtet, das heißt, seine Bewegungen sind immer mit einer Beschäftigung verbunden. Dies verpflichtet den Menschen, im Rahmen einer artgerechten Hundehaltung dafür zu sorgen, dass sich ausreichende tägliche Bewegung, wie Laufen am Rad, Joggen mit dem Hund, den Hund apportieren lassen oder schnelle Spiele, etwa mit dem Frisbee, in Verbindung mit sinnvoller Beschäftigung (→ Info Seite 211) als Jagdersatz die Waage halten. Dabei bestimmt der Mensch, wie und was gerade »gejagt« wird. Einen schlecht oder gar unerzogenen Hund einfach frei laufen zu lassen ist daher ungeeignet und – wie ich meine – auch rücksichtslos der Umwelt gegenüber.

DEN HUND BESCHÄFTIGEN

Nachdem der Hund ausreichend Zeit zum Lösen hatte, übernehmen Sie die Regie und geben Ihrem Hund Impulse zu verschiedenen Beschäftigungsspielen:

➤ Lassen Sie den Hund »Sitz« oder »Platz« auf Entfernung vor begegnenden Joggern, Spaziergängern oder Radfahrern machen.

➤ »Verlieren« Sie einen Handschuh auf dem Weg und schicken Sie den Hund zum Suchen und Zurückbringen.

➤ Verstecken Sie sein Lieblingsspielzeug im Gebüsch oder auf einem für ihn erreichbaren Ast, während er dabei im Platz liegend zusieht. Anschließend gehen Sie mit ihm frei »Bei Fuß« mindestens 10 bis 20 Meter weiter, dann schicken Sie ihn mit dem Hörzeichen »Such – Verloren!« zurück und lassen ihn sein Spielzeug suchen und bringen.

➤ Lassen Sie ihn ein Familienmitglied suchen, das sich im Wald, im Gebüsch oder in einem Maisfeld versteckt hat.

➤ Ist Ihr Hund körperlich dazu geeignet, dann können Sie ihm das Ziehen eines Hundewagens oder eines Schlittens beibringen.

➤ Gewöhnen Sie ihn an schicke Packtaschen, worin er bei Wanderungen seine eigene Ausrüstung wie Trinkwasser oder Ähnliches tragen kann.

➤ Bringen Sie Ihrem Hund bei, eine Tasche, eine zusammengerollte Zeitung oder einen Regenschirm zu tragen. Voraussetzung für alle Fang-, Bring- und Tragespiele ist, dass der Hund das Apportieren gelernt hat (→ Seite 140). Von vielen Hundesport-Vereinen werden reine Apportierkurse angeboten.

➤ Beschäftigen Sie sich bei schlechtem Wetter zu Hause mit Intelligenz- und Konzentrationsspielen für den Hund, zum Beispiel mit dem Hütchen-Spiel.

➤ Auch ein Mini-Parcours mit Bügelbrett auf zwei Bierkästen, Besenstiel zwischen zwei Stühlen usw. macht dem Hund riesig Spaß.

262. Spaziergang im Winter: Was muss ich im Winter beachten, wenn ich mit meinem Hund ins Freie gehe?

Fast alle Hunde lieben frisch gefallenen Schnee. Es ist für sie ein angenehmer Ausgleich zur warmen, aber trockenen Heizungsluft in der Wohnung, im Schnee herumzutollen. Ist es draußen sehr kalt, müssen sich auch Hunde mit dichtem Fell in der ersten Viertelstunde warm laufen. Sehr kälteempfindliche, kurzhaarige Hunde können Sie, bis sie sich warm gelaufen haben, mit einem »Pullover« schützen. Bei Kälte verbraucht der Hund mehr Energie, und kleine Hunde ermüden im Schnee schneller, weil sie springen, statt laufen müssen. Dehnen Sie deshalb die Spaziergänge im Winter nicht zu lange aus. Lassen Sie wegen der Kälte Ihren Hund keine Übungen machen, für die er lange auf dem Boden liegen oder sitzen muss.
In wildreichen Gegenden müssen Sie Ihren Hund auf jeden Fall an der Leine halten, denn Hetzjagden im Winter können wegen der knappen Nahrung für Rehe & Co. tödlich enden, selbst wenn der Hund das Wild nicht erwischt.

263. Übung »Bleib außer Sicht«: Wenn ich meinen Hund zum Einkaufen mitnehme, muss er außerhalb des Geschäftes liegen bleiben. Wie schaffe ich es, dass er ruhig bleibt?

Das ruhige Warten des Hundes außerhalb eines Geschäftes, während Sie einkaufen, ist eine klassische Aufgabe der Begleithundeprüfung im Bereich Verkehrssicherheit. Dies müssen Sie konsequent üben. Dazu sollte der Hund bereits die Übung Platz sicher beherrschen. Leinen Sie den Hund außerhalb des Geschäftes an den meist vorhandenen Parkhaken für Hunde an. Entfernen Sie sich mit dem Hörzeichen »Bleib« zunächst kurz außer Sicht, indem Sie in das Geschäft gehen, aber gleich wieder zurückkommen.

Wenn der Hund ruhig bleibt, dehnen Sie Ihre Abwesenheit immer weiter aus. Es ist egal, ob der Hund dabei sitzt, steht oder im Platz liegt. Er muss sich absolut ruhig verhalten und darf auch keine Passanten belästigen.
Vorsicht! Ein Hund, der sich nicht selbst verteidigt, könnte gestohlen werden! Lassen Sie ihn nicht unbeobachtet.

Ein solches »Spieli« ist gut geeignet als Motivationsobjekt für spielerische Erziehung auf Spaziergängen.

264. **Urlaub – Camping:** **Wir wollen unseren Hund zu einem Campingurlaub mitnehmen. Was müssen wir dabei beachten?**

Vor Antritt der Reise sollten Sie in einem Campingführer oder im Internet ermitteln, auf welchen Campingplätzen Hunde erlaubt sind und welche Einschränkungen vor Ort gelten. Jeder Campingplatz hat bestimmte Hausordnungen, die Sie als Hundehalter beachten müssen. Informieren Sie sich vor Ort darüber. Als Grundvoraussetzung für die Teilnahme Ihres Hundes am Camping muss er sozial verträglich sein, einen zuverlässigen Gehorsam haben und unter Ihrer absoluten Kontrolle stehen. Die Hunde von »Profi-Campern« sind dieses Leben von klein auf gewöhnt. Mit einem schlecht erzogenen Hund, der auch noch zügellos auf dem Campingplatz herumläuft, werden Sie an dieser Art von Urlaub wenig Freude haben. Wertvolle Adressen, Tipps und Informationen zum Thema »Reisen mit Hund« finden Sie im Internet unter www.ferien-mit-hund.de.

265. Urlaub – Hund im Hotel: Was muss man beachten, wenn man mit dem Hund im Hotel Urlaub macht?

➤ Müssen Sie Ihren Hund während des Hotelurlaubs auf neues Futter umstellen, sollten Sie dieses schon einige Tage vor Reiseantritt füttern (Durchfallgefahr!).
➤ Bevor Sie das Hotel betreten, gönnen Sie Ihrem Hund einen großen Auslauf, damit er müde ist.
➤ Bürsten Sie den Hund vor Antritt des Urlaubs gründlich, wenn er stark haart.
➤ Belegen Sie zuerst das Zimmer und packen aus, dann erst holen Sie den Hund aus dem Auto. Er trifft dann schon auf bekannte Gerüche.
➤ Wenn Sie das Hotel mit dem angeleinten (!) Hund durchqueren, sollten Sie zügig gehen, um ihm keine Gelegenheit zum Schnuppern und eventuellen Markieren zu geben.

266. Urlaub im Hotel: Ich möchte einen Hotel-urlaub machen. Was muss mein Hund beherrschen, um ihn mitnehmen zu können?

Die Eigenschaften, womit Ihr Hund im Hotel angenehm auffallen soll, muss er im häuslichen Bereich schon gelernt haben. Hunde, die zu Hause Einrichtungsgegenstände zerstören, werden das auch im Hotel machen. Aber auch Ihr wohlerzogener Hund kann in der fremden Umgebung des Hotels nervös werden und beim ersten Mal nicht gerade begeistert im Hotelzimmer allein bleiben, während Sie im Restaurant essen. Ist das Restaurant für Hunde gesperrt, dann bringen Sie Ihren Hund während des Essens vorsichtshalber lieber im Auto unter, denn dieser Ort ist ihm vertraut. Im fremden Zimmer wäre er sicher gestresst. Klären Sie bereits bei der Zimmerbestellung die Bedingungen, unter welchen Sie den Hund mitnehmen dürfen. Lassen Sie sich die Reservierung mit Hund schriftlich bestätigen.

Wenn Sie sich mit Ihrem Hund in der Öffentlichkeit bewegen und nicht unangenehm auffallen möchten, sollten Sie die folgenden »ungeschriebenen Gesetze« beachten:

➤ Alle Mitgeschöpfe dürfen durch den Hund weder verängstigt, belästigt, gefährdet oder gar geschädigt werden.

➤ Ängstliche Menschen müssen aus unserem Umgang mit dem Hund klar erkennen können, dass wir den Hund sicher im Griff haben und dass kein Grund zur Angst besteht.

➤ Ausscheidungen unseres Hundes oder andere Verschmutzungen durch ihn müssen sofort entfernt werden.

➤ Belästigungen von Passanten durch unerwünschte Kontakte oder von Gästen in Lokalen durch Futterbetteln sind schon im Vorfeld zu verhindern.

➤ Bei Annäherung von Joggern, Rad- oder Mopedfahrern ist der frei laufende Hund mit einer Gehorsamsübung (Sitz, Platz, Hier) in die Pflicht zu nehmen, um seine Harmlosigkeit zu demonstrieren.

➤ Bei Wanderungen durch Dörfer oder über Almen ist der Hund zum Schutz von frei laufenden Hühnern, Gänsen und anderen Nutztieren anzuleinen.

➤ Nicht zuverlässig folgende Hunde frei laufen zu lassen, erfüllt den Tatbestand der Fahrlässigkeit.

➤ Ein entgegenkommender Hund ist vielleicht angeleint, weil er beim Freilauf eventuell mit anderen Hunden soziale Probleme hat oder weil er einfach nur keinen Kontakt will. Rufen Sie daher Ihren frei laufenden Hund in die Fußposition oder leinen Sie ihn ebenfalls an.

➤ Aggressive Hunde dürfen, wenn überhaupt, nur angeleint und mit Beißkorb abgesichert in der Öffentlichkeit geführt werden.

➤ In Feld und Flur gibt es glücklicherweise noch recht viele Wildtiere, auf die man bei der Hundehaltung Rücksicht nehmen muss, indem man mit dem Hund auf den Wegen bleibt.

Hilfe bei Problemen

Wenn etwas nicht klappt, sollte man den Fehler zuerst bei sich selbst suchen, nicht beim Hund. Meist, wenn auch nicht immer, ist das Verhalten des Hundehalters der Auslöser für das Verhaltensproblem des Hundes.

267. Aggressivität an der Leine: Unser vierjähriger Dobermann-Mix ist anderen Rüden gegenüber an der Leine sehr aggressiv. Wie können wir ihm das abgewöhnen?

Angeleinte Hunde reagieren in der Regel aggressiver als frei laufende. Dies kann daran liegen, dass sich die eventuelle Unsicherheit des jeweiligen Hundehalters über die Leine auf seinen Hund überträgt. Oder der angeleinte Hund fühlt sich besonders stark, weil er seinen Menschen am anderen Ende der Leine weiß (Nabelschnureffekt).

Ein weiterer Grund für die Aggressivität an der Leine kann sein, dass sich erwachsene Rüden untereinander fast immer als Geschlechtsrivalen fühlen. Dieses Verhalten hat nicht immer etwas mit mangelhafter Sozialisierung zu tun. Bei zu wenig Kontakt mit anderen Hunden verstärken sich mit der Zeit die Aggressionen, ebenso bei Hypersexualität (→ Seite 250).

Um mit der Aggressivität Ihres Rüden einigermaßen klarzukommen, rate ich Ihnen, ihm in einem Verein in der Gruppenarbeit über den Gehorsam beizubringen, an der Leine andere Hunde zu ignorieren (→ Seite 189). Eine gute Erziehungshilfe für nicht sehr kräftige Hundebesitzer ist der Gebrauch eines Führhalfters (Halti), das den Blickkontakt zum Konkurrenten unterbricht, indem der Hundekopf durch die Befestigung der Leine am Unterkiefer des Halfters zur Seite gedreht wird. Bei Hypersexualität sollten Sie mit Ihrem Tierarzt eine eventuelle Kastration besprechen.

268. Aggressivität beim Spiel: Unser 14 Wochen alter Jagdhund-Mix Rocky heizt sich im Spiel mit den Kindern so auf, dass er dann nach ihnen schnappt. Kann es sein, dass er sie mal ernsthaft beißt?

Dieses spielerische Beißen müssen Sie sofort abstellen, weil sonst beim erwachsenen Hund echte Aggression daraus entstehen könnte. Lassen Sie die Kinder nicht mehr unbeaufsichtigt mit dem Hund spielen. Und verbieten Sie ihnen Beiß-, Zerr- oder Kampfspiele mit dem Hund. Kinder ärgern den Hund oft, indem sie ihm Spielsachen hinhalten und blitzschnell wieder wegziehen. Dadurch lernt der Hund eventuell das Schnappen. Rocky darf nur bei ruhigen Spielen der Kinder dabei sein, sie dürfen ihn aber nicht zur Aktivität animieren. Will er den Kindern Beißereien »anbieten«, soll das jeweilige Kind im Chor mit den anderen Kindern bewusst schmerzhaft aufjaulen. Dann müssen die Kinder das Spiel sofort unterbrechen, indem sie aufstehen und den Hund nicht mehr beachten. Er wird es verstehen, dass er zu grob war, und mit der Zeit nicht mehr schnappen.

PROBLEME VERMEIDEN

Wenn Sie die folgenden Grundsätze zur Erziehung beherzigen, werden Sie kaum Probleme mit Ihrem Hund haben.

➤ Seien Sie stets konsequent.

➤ Verhalten Sie sich dem Hund gegenüber dominant.

➤ Geben Sie Ihrem Hund deutliche und kurze Befehle, halten Sie keine »Volksreden«, die der Hund nicht versteht.

➤ Geben Sie jeweils nur einen Befehl, und belohnen Sie den Hund, wenn er ihn befolgt.

➤ Ignorieren Sie Ihren Hund immer, wenn er von Ihnen Streicheleinheiten will oder Sie zum Spielen auffordert.

➤ Wenn Sie Ihren Hund streicheln oder mit ihm spielen wollen, rufen Sie ihn zu sich, aber gehen Sie nicht zu ihm hin.

➤ Wenn Sie eine Tür öffnen, hat der Hund so lange zu warten, bis Sie ihm den Durchgang erlauben.

➤ Auf Befehl »Aus« hat der Hund alles auszulassen, was er gerade im Fang hat.

➤ Ihr Hund muss von klein auf lernen, Dinge behutsam aus den Händen von Menschen zu nehmen.

269. Aggressivität – Dominanzaggression: Woran erkenne ich rechtzeitig, wenn sich mein Hund zum Rudelchef aufspielen will?

Bei dieser Art von Aggression will der Hund, bedingt durch fehlende oder falsche Grunderziehung, langsam die Chef-Position in der Familie übernehmen. Er droht dann, wenn Sie ihn füttern, wenn er seinen Platz auf der Couch räumen soll, bei seiner Körperpflege, beim Umlegen des Halsbandes oder beim Anleinen. Der Hund gehorcht immer schlechter und knurrt, wenn Sie sich durchsetzen wollen. Bereits das erste Anzeichen von Dominanzaggression müssen Sie im Keim ersticken. Dazu müssen Sie die Rangordnung wieder richtigstellen (→ Seite 171).

270. Aggressivität – Hyperaktives Spiel: Warum verhalten sich junge Hunde beim Spiel mit Kindern oft so hyperaktiv?

In dieser Entwicklungsphase sind sie grobe Spiele mit gleichaltrigen Hunden gewöhnt. Menschenhaut ist aber empfindlicher als Fell. Außerdem sind die Kinder in der Regel nicht in der Lage, dem Junghund bei groben Spielen ernsthaft Grenzen zu setzen. Der Hund deutet alle halbherzigen Abwehrversuche des Kindes als weitere Spielvariante und wird immer aktiver. In diesem Fall ist die Hilfe eines kundigen Erwachsenen notwendig, der den übermütigen Junghund durch Eingreifen zur Ordnung ruft und ihn notfalls zwangsweise aus dem Spielraum entfernt, bis er sich wieder beruhigt hat. Auch die Kinder müssen belehrt werden, wie sie mit dem Hund ruhiger spielen können. Häufige Besuche auf Hundespielplätzen, wo sich der Hund mit Artgenossen austoben kann, sowie vermehrte artgerechte Beschäftigung (zum Beispiel Gehorsamsübungen) machen ihn ausgeglichener. Er sollte auch zwischendurch vor den Kindern seine Ruhe haben können (→ Seite 168).

AGGRESSIONSFORMEN

(nach Moyer 1968 und Hart & Hart 1991)

➤ Dominanzaggression: Der Hund versucht, einen möglichst hohen Sozialrang zu erlangen oder zu sichern. Wenn es ihm beim Menschen dadurch gelingt, die Führungsposition einzunehmen, wird er die Aggression noch steigern, um sich die Führungsposition auch zu erhalten.

➤ Rivalisierende Aggressivität: Der Hund kämpft um einen Gegenstand (Besitz, Futter etc.) oder eine Person/einen Artgenossen (Nähe, Aufmerksamkeit).

➤ Angstbedingte Aggression: Der Hund reagiert aggressiv, weil er nicht fliehen kann, Angst vor Schmerzen hat oder sich einem Furcht einflößenden Gegenstand oder Menschen gegenübersieht. Seine Aggression entspringt in diesem Fall seiner Selbstverteidigung.

➤ Aggression unter Rüden: Der Hang, miteinander zu kämpfen, ist bei Rüden angeboren und eindeutig geschlechtsbezogen. Es ist nachweislich die einzige Art aggressiven Verhaltens, die man durch Kastration ändern kann.

➤ Territoriale Aggression: Der Hund verteidigt sein Territorium gegenüber Artgenossen und auch Menschen.

➤ Aggressives Jagdverhalten: Die Anwesenheit und/oder Flucht eines Beutetieres löst den Jagdtrieb aus.

➤ Mütterliche Aggression: Die Hündin verteidigt ihre Welpen gegen jeden, der dem Wurflager zu nahe kommt. Auch scheinträchtige Hündinnen können ihr Nest verteidigen.

➤ Erlernte Aggression: Der Hund reagiert aggressiv, weil er gelernt hat, dass er mit diesem Verhalten zum Ziel kommt (unterschiedliche, durch belohnende Erfahrungen erlernte Auslöser).

➤ Krankhafte Aggression: Auslöser sind unter anderem Erkrankungen des zentralen Nervensystems, epileptiforme Anfälle, Stoffwechselstörungen oder genetisch bedingte Formen der Aggression.

271. Allein bleiben: Unser Welpe benagt Möbel-stücke, wenn wir ihn allein lassen. Wie gewöhnen wir ihm das ab?

Ihm ist einfach langweilig. Beschäftigen Sie ihn während des ganzen Tages mehr, sodass er vor Ihrem Weggehen richtig müde ist und lieber schläft, als Ihre Möbel benagt. Zur Sicherheit legen Sie ihm aber neben seine Schlafdecke einen interessanten Kauknochen, den er bearbeiten kann, wenn er tatendurstig aufwacht. Davon wird er wieder müde werden. Die andere Möglichkeit ist, ihn während Ihrer Abwesenheit in eine Hundebox zu sperren oder in einem Raum unterzubringen, in dem er nichts zernagen kann.

Im Handel gibt es sogenannte Abwehrsprays, mit denen Sie gefährdete Gegenstände einsprühen können. Ich habe aber die Erfahrung gemacht, dass sie nicht immer helfen.

272. Angst – Trennungsangst: Unser Hund ist schon 14 Monate alt, zeigt aber immer noch Trennungsangst, wenn wir ihn kurz allein lassen. Wie können wir ihm dies abgewöhnen?

Der Hund muss schrittweise lernen, dass die Trennung nur vorübergehend ist. Legen Sie ihn dazu auf seinem bekannten Schlafplatz mit »Platz und Bleib« ab. Sonst sprechen Sie kein Wort mit ihm. Gehen Sie in den Nebenraum außer Sicht des Hundes, kehren aber sofort wieder zurück und loben ihn ausführlich. So üben Sie mehrmals täglich über viele Übungstage, dabei steigern Sie die Dauer der Trennung ganz langsam immer wieder um ein paar Minuten. Wenn Sie einige Minuten außer Sicht bleiben können, ohne dass Ihr Hund unruhig wird, verlassen Sie wortlos kurz die Wohnung. Auch die Dauer dieser Abwesenheit dehnen Sie allmählich aus. Um ihn durch Beschäftigung abzulenken, hinterlassen Sie ihm während

Ihrer Abwesenheit einen Kauknochen, und als Geräuschablenkung lassen Sie das Radio spielen. Wichtig: Während dieser Lernphase, die Wochen dauern kann, darf der Hund nicht durch erzwungenes Alleinsein einen Rückfall in seine Trennungsangst erleiden.

Unerwünschtes Verhalten des Hundes ignorieren Sie. Gestalten Sie dann die Übungen um einige Schritte leichter, bis der Hund wieder sicher ist.

273. **Angst vor dem Anleinen:** **Wir haben seit vier Wochen eine einjährige Mischlingshündin aus dem Tierheim, die sich beim Anleinen sehr ängstlich zeigt. Warum macht sie das?**

Vermutlich hat Ihre Hündin bei ihrem Vorbesitzer schlechte Erfahrungen in Verbindung mit der Leine gemacht. Und die vier Wochen bei Ihnen waren noch zu kurz, um eine ausreichende Bindung und vertrauensvolle Beziehung zu Ihnen aufzubauen und diese schlechten Erfahrungen zu vergessen. Beschäftigen Sie sich so viel wie möglich mit Ihrer Hündin, und bauen Sie in den täglichen Umgang vermehrt liebevolle Körperkontakte (Streicheln, Kuscheln) ein, um das offensichtlich verloren gegangene Vertrauen der Hündin zum Menschen wiederherzustellen. Legen Sie ihr die Leine nur an, wenn Sie mit ihr Gassi gehen, spielen oder sie füttern. Die Leine sollte bei ihr ab jetzt nur positive Gefühle auslösen. Auf keinen Fall dürfen Sie mit der Leine drohen, werfen oder gar schlagen.

274. **Angst vor Geräuschen:** **Unsere Hündin hat Angst vor dem Staubsauger und anderen Motorgeräuschen. Wie kann man ihr da helfen?**

Wahrscheinlich hat Ihre Hündin während ihrer Sozialisierungsphase diese Art von Geräuschen nicht erlebt oder in Verbindung mit diesen Geräuschen schlechte

THERAPIE BEI PROBLEMEN

Wann ist ein Therapeut nötig?	➤ Sie sollten einen Therapeuten konsultieren, wenn Sie die Verhaltensstörungen Ihres Hundes allein nicht in den Griff bekommen. Verhaltensstörungen können sein: die verschiedensten Formen der Aggression, Rangordnungsprobleme, Ängste (Umweltängste, Schussangst, Gewitter, Trennungsängste, Angstbeißen), Überaktivität, gestörte Mensch-Hund-Beziehung, gestörtes Sozialverhalten oder Schnappen nach Kindern
Woran erkennt man einen guten Therapeuten?	➤ Er »behandelt« den Hund nicht telefonisch oder in seiner Praxis, sondern er macht sich ein Bild von den Lebensumständen des Hundes durch einen Hausbesuch. ➤ Er kennt und berücksichtigt die Eigenheiten der verschiedenen Hunderassen. ➤ Er sucht in sehr langen Gesprächen, oft auch mit den Familienangehörigen, nach den Ursachen des Fehlverhaltens des Hundes und beseitigt sie durch seine Ratschläge. ➤ Nach einem mit Ihnen durchgesprochenen Therapieplan leitet er Sie an, mit dem Hund zu arbeiten.
Wo findet man einen Therapeuten?	➤ Fragen Sie Ihren Tierarzt. Er wird Sie in der Regel an einen Kollegen mit Zusatz-Ausbildung in Verhaltenstherapie verweisen. ➤ Tierschutzverein ➤ Fragen Sie andere Hundehalter, über Empfehlungen bekommt man oft die besten Adressen.

Erfahrungen gemacht. Oft handelt es sich jedoch um Hunde mit einer angeborenen Wesensschwäche, die auch in anderen Lebensbereichen sehr ängstlich und übersensibel sind. In allen Fällen verbessert ein behutsames Desensibilisierungstraining die Lebensqualität dieser Hunde. Dazu sollten Sie Ihre Hündin zunächst mit dem Angst-Gerät konfrontieren, wenn es abgeschaltet ist, indem Sie sie zum Beispiel darauf füttern. Im nächsten Schritt erlebt sie die Geräusche dann aus weiter Entfernung aus einem Nebenraum, während sie gefüttert wird. Mit der Zeit verringern Sie den Abstand zwischen laufendem Staubsauger und fressender Hündin.

Dieses Training erfordert oft monatelange Geduld. Sie dürfen immer nur einen kleinen Schritt weitergehen, wenn die Hündin in der momentanen Phase sicher ist.

Übrigens: Auf die gleiche Weise geht man vor, um seinem Hund die Angst vor optischen Reizen zu nehmen, wie ungewöhnlich gefärbten Mülltonnen.

275. Frustration: Ich habe gehört, dass Hunde Fehlverhalten zeigen können, weil sie frustriert sind. Kann das sein?

Kann der Hund bestimmte arteigene, angeborene Verhaltensweisen nicht ausleben, führt das zu jeweils typischen Frustrationshandlungen, die meist unerwünscht sind. Hat der Hund zum Beispiel zu wenig Auslauf in Verbindung mit mangelnder menschlicher Zuwendung und Beschäftigung, dann kann er Zäune überklettern oder untergraben, Türen zerstören, heulen, vermehrt bellen, streunen und die halbe Wohnung verwüsten, wenn man ihn einsperrt. Auf diese Weise wird er seinen Erregungsstau los, und diese Ersatzhandlungen machen ihn ebenso glücklich wie eine Belohnung. Daher wird er diese »Befreiungshandlungen« immer wieder anstreben. Man kann sie ihm nur abgewöhnen, wenn man die Ursachen ändert.

276. Langeweile: **Mein Hund hat sehr viel Spielzeug, aber er spielt damit kaum. Was ist daran schuld?**

Spielzeug wird vom Hund primär als Beute angesehen, die er jagen, fangen, schütteln können will. Auf jeden Fall muss sich das Spielzeug bewegen, und weil es das nur mit Hilfe des Menschen tut, ist das schönste Spielzeug sehr schnell uninteressant. Es wird kaum mehr beachtet und oft zerbissen.
Entfernen Sie alles Spielzeug. Ab jetzt bekommt Ihr Hund nur noch in Verbindung mit Ihnen Gelegenheit zum Spielen. Das müssen Sie ihm aber regelmäßig bieten. Wichtig: In Zukunft entscheiden Sie, womit, wie, wo und wie lange gespielt wird.

277. Misserfolg – Gehen an der Leine: **Mein Welpe Candy stemmt sich plötzlich gegen die Leine. Was soll ich tun?**

Da Welpen noch sehr unselbstständig sind und Angst haben, den Anschluss zu verlieren, müssen sie eigentlich nicht stark motiviert werden, um mit ihren Menschen mitzugehen. Verweigert Ihre Kleine aber doch bisweilen das Mitgehen, dann dürfen Sie Candy auf keinen Fall an der Leine hinter sich herschleifen und sie vielleicht sogar noch als faulen Hund beschimpfen. Der wahrscheinlichste Grund für diese Verhaltensänderung kann Angst vor etwas sein, das sie noch nicht kennt. Vielleicht ist Candy übermüdet, weil Sie ihr eine zu lange Wegstrecke zugemutet haben. Wenn sie stark hechelt, dann haben Sie sie offensichtlich überanstrengt. Hat sie vor etwas Angst, dann müssen Sie Candy langsam daran gewöhnen (→ Seite 223).
Ist Candy müde, dann können Sie Ihren Zwerg ruhig mal auf den Arm nehmen. Normale Fortbewegungs-Verweigerung lösen Sie mit einem kurzen Spiel mit dem Lieblingsspielzeug oder mit einem duftenden Leckerchen schnell auf.

278. Misserfolg – Übung »Platz«: Ich übe nun schon seit einiger Zeit mit meinem Hund das »Platz«, doch trotz Leckerchen legt er sich nicht hin. Was mache ich falsch?

Möglicherweise haben Sie übertrieben und weil der Hund nicht schnell genug begriff, was er machen soll, bei der Übung bisweilen Zwang auf ihn ausgeübt. Und Erzwungenes will der Hund nicht gern wiederholen. Wenn Sie die Übung neu aufbauen, sollten Sie darauf achten, dass Ihr Hund Hunger hat und das Leckerchen gierig anstrebt. Beginnen Sie dann mit der Übung wieder von vorn (→ Seite 146). Fördern Sie wieder seine Motivation mit Leckerchen und bleiben Sie geduldig.

Wenn Sie wollen, dass sich Ihr Hund zu Hause auf seinen Schlafplatz legt, sollten Sie in der Trainingsphase nicht das momentan noch negativ belegte Hörzeichen »Platz« geben. Sagen Sie stattdessen lieber zum Beispiel »Geh Betti«. Beobachten Sie Ihren Hund während des Tages, und wenn er sich von sich aus hinlegt, sagen Sie »Platz« und loben ihn gleichzeitig. So gewöhnt er sich langsam daran, dass das »Platz« nichts Negatives ist.

279. Misserfolg – Übung »Still«: Mein Hund bellt leider bei der geringsten Kleinigkeit. Wie bringe ich diesem hartnäckigen Beller das »Still« bei?

Um ausdauernden Kläffern das Bellen abzugewöhnen, können Sie technische Hilfsmittel einsetzen. Besorgen Sie sich eine handliche Wasserpistole, die Sie jederzeit griffbereit und mit Wasser gefüllt haben. Sobald Ihr Hund wieder unerwünscht bellt, spritzen Sie ihm ohne Vorwarnung stillschweigend eine Ladung Wasser ins Gesicht. Das erschreckt ihn, aber es tut nicht weh. Während ihn das Wasser trifft, sagen Sie nachdrücklich »Still«. Aber bitte nicht schreien! Das würde ihn nur veranlassen, wieder zu bellen. Wenn er Ruhe gibt, bekommt er eine Belohnung, die ihm mehr Spaß bereiten muss als das Bellen, also ein besonders attraktives Leckerchen.

280. Probleme mit Hunden: Warum haben so viele Menschen Probleme mit Hunden?

In den letzten Jahrzehnten hat sich die Umwelt der Hunde drastisch verändert, doch die Hunde selbst, was Zuchtziel und Veranlagung anbelangt, nicht sonderlich. Viele Hundehalter haben jedoch oft kein ausreichendes Wissen und Gespür mehr, wie man mit Hunden artgerecht umgeht. Doch das richtige Verhalten eines Hundes steht und fällt mit dem Wissen, dem Können und dem richtigen Verhalten seines Besitzers. Deshalb muss man erst den Menschen schulen, bevor man am Fehlverhalten eines Hundes etwas verbessern will. Da der Hund nur durch seinen Halter lernt – er beobachtet ihn ja rund um die Uhr –, zeigt er in seinen Reaktionen oft das Spiegelbild dessen Verhaltens. Das heißt: Nur wenn der Mensch sein Verhalten ändert, hat der Hund eine Chance, sein Verhalten ebenfalls verändern zu können.

281. Problemhund – Definition: Man hört heutzutage immer häufiger von Problemhunden. Was versteht man darunter?

Jegliches angeborene Verhalten eines Hundes ist natürliches Verhalten, und es wird erst zum unerwünschten Verhalten, wenn es der Hund am falschen Ort oder zur falschen Zeit zeigt. Das ist noch kein Problem, denn das bekommt man mit der Grunderziehung in den Griff.
Als Problemhunde bezeichnet man dagegen im Allgemeinen Hunde, die Verhaltensauffälligkeiten zeigen, die nicht einem natürlichen Verhalten des Hundes

ERZIEHUNGSHILFEN

Vor ihrem Einsatz sollten Sie überlegen, ob Sie eventuell Ihr Verhalten ändern müssen. Doch bei manchen Problemen kann es notwendig werden, zunächst vorübergehend Hilfsmittel einzusetzen.

Maulkorb	Gewährt Sicherheit bei »bissigen« Hunden auch während der Therapie
Lange Leinen (fünf bis zehn Meter)	Absicherung und Einwirkungsmöglichkeit bei der Erziehung im Freien
Kopfhalfter	Sie werden auch allgemein »Halti« genannt. Sie erleichtern nicht so kräftigen Hundehaltern das Führen von ungebärdigen Hunden.
Disc-Scheiben, Klapperdose oder Wurfkette	Sie erzeugen Schreck, um eine unerwünschte Handlung des Hundes abzubrechen. Nicht ohne Ausbilder anwenden!
Elektro-Halsbänder	Über ein Halsband mit Empfänger kann der Hundeführer mittels Fernsteuerung dem Hund verschieden starke Stromreize zufügen (seit 2006 vom Bundesverwaltungsgericht verboten).
Würgehalsbänder	Der Hund verbindet den Würgezug mit dem Ausbilder und nicht mit seinem vorangegangenen Verhalten.
Stachelhalsbänder	Sie bereiten Schmerzen, blockieren dadurch das Lernen und unterbrechen die Konzentration.

Lassen Sie sich die Handhabung aller Erziehungshilfsmittel unbedingt von einem erfahrenen Trainer einer Hundeschule zeigen. Der Erfolg hängt von der richtigen und konsequenten Benutzung und von Ihrer Geduld ab.

zugeordnet werden können, wie Dauerbellen, Schattenjagen, Nervosität und andere Ersatz- oder Übersprunghandlungen. Die Ursachen hierfür sind vielfältig: Vererbung, fehlende Rangordnung, mangelnde oder mit Starkzwang durchgeführte Erziehung, übergroße Ansprüche des Ausbilders, Vermenschlichung und übermäßige Zuwendung oder das Gegenteil, nämlich Vernachlässigung, akute oder chronische Erkrankungen oder altersbedingte Probleme.

Zeigt Ihr Hund eine der oben genannten Verhaltensauffälligkeiten, dann sollten Sie einen erfahrenen Verhaltenstherapeuten konsultieren, der Ihren Hund (und Ihr Verhalten dem Hund gegenüber) therapiert, um dem Vierbeiner wieder zu einer besseren Lebensqualität zu verhelfen.

PROBLEME BEIM TRAINING

Folgende Punkte können die Ursache sein, dass eine Übung nicht klappt:

➤ Erkennt Sie der Hund innerhalb Ihres Sozialgefüges als ranghöher an?

➤ Hat er absolutes Vertrauen zu Ihnen und fühlt er sich sicher?

➤ Versagte er aufgrund eines körperlichen Handikaps oder einer plötzlichen Erkrankung?

➤ War der Hund ausreichend für die von Ihnen verlangte Übung motiviert?

➤ War er auf Sie konzentriert und aufmerksam?

➤ Wodurch wurde er abgelenkt?

➤ Haben Sie ihm klare stimmliche und körpersprachliche Befehle gegeben?

➤ Haben Sie ihn eventuell mit dieser Übung überfordert, indem Sie Ausbildungsschritte übersprungen haben?

282. Problemhund – Entstehung: Welche Veränderungen innerhalb der letzten 50 Jahre haben dazu geführt, dass es heute überhaupt Problemhunde gibt?

Früher durfte der Hund frei im Dorf herumlaufen und konnte etwas erleben. Er wurde außerdem seinen Fähigkeiten entsprechend gefordert und war ausgelastet. Heute besteht der Tagesablauf der meisten Hunde aus warten, abgesichert warten darauf, ob sich etwas ereignet. Sie haben keine Aufgaben mehr und sind unausgelastet. In der Öffentlichkeit dürfen sie sich fast nur noch an der Leine bewegen und an bestimmten öffentlichen Plätzen überhaupt nicht mehr blicken lassen. Bei nicht wenigen Menschen riechen sie Angst und nicht selten auch Ablehnung und Hass, was sie bisweilen verunsichert. Einerseits gibt es immer noch viele Hundehalter, die ihre Hunde mit Autorität, körperlichem Zwang und Drill »dressieren«, andererseits lassen andere ihren Hund in der Entwicklung einfach seinen Bedürfnissen nachgehen. Der Hund ist bei ihnen Kumpel oder Kindersatz und soll, ohne sich unterordnen zu müssen, nach menschlichen Idealvorstellungen funktionieren. Beide Methoden enden aber fast immer in der Sackgasse der Verhaltensprobleme. Wer heute noch normal und natürlich mit Hunden umgehen kann, wird gleich als »Hundeflüsterer« bezeichnet und hoch gelobt.

283. Rangordnung – Begrüßungströpfchen: Warum macht mein Zwergdackel immer eine kleine Pfütze, wenn er mich begrüßt?

Das Begrüßungströpfchen nennt man auch »submissives Urinieren«, und damit sind überwiegend Hunde geplagt, die sich extrem unterordnen. Die Ursache kann eine angeborene Wesensschwäche sein, doch oft ist es die starke Dominanzausstrahlung seines Menschen, die den Zwerg so beeindruckt.

Nehmen Sie sich also allgemein etwas zurück und reden Sie auch leiser und liebevoller mit Ihrem Hund. Begrüßen Sie ihn ganz ruhig und freundlich, indem Sie sich zu ihm hinunterbücken. Mit der Zeit wird er selbstsicherer.

Setzt er trotzdem hin und wieder eine Pfütze, dann ignorieren Sie diese vollkommen. Lassen Sie Ihren Hund nicht einmal zusehen, wenn Sie das Malheur beseitigen.

284. Rangordnung – Eigenständiger Hund:
Wenn ich meinen Hund rufe, um ihn anzuleinen, läuft er wieder weg. Was mache ich falsch?

Es könnte sein, dass Sie Ihren Hund in letzter Zeit nur noch zu sich gerufen haben, um ihn anzuleinen. Sie haben also den Abruf-Vorgang bei Ihrem Hund negativ bestärkt. Oder haben Sie mit ihm vielleicht geschimpft, weil er zögerlich gekommen ist? Dann haben Sie ihn in Wirklichkeit für das Kommen bestraft.

Nach dem exakten Vorsitzen schmeckt die Belohnung.

Bauen Sie die Übung wieder neu auf, indem Sie das Kommen für Ihren Hund durch Leckerchen oder Spielzeug wieder mit höchster Lust verknüpfen. Rufen Sie ihn also in nächster Zeit überwiegend nur zum Spielen, Streicheln oder Abholen von Leckerchen und entlassen Sie ihn sofort wieder. Wenn Sie ihn dann doch anleinen müssen, darf er eine Zeit lang sein Spielzeug tragen oder ein duftendes Leckerchen verspeisen. Funktioniert das alles nicht, dann üben Sie die Abruf-Übung mit der Fünf-Meter-Leine, wodurch er nicht weglaufen kann.

285. Rangordnung – Essen klauen aus Kinderhand: Unser dreijähriger Setter nimmt unserem zweijährigen Sohn immer die Semmel weg, wenn dieser auf dem Boden sitzt. Wie sollen wir reagieren?

Dies ist ein Beispiel, dass Hunde mit Kindern in diesem Alter nie allein sein dürfen. Die Kombination von Reizlage »Futter« und Futter auf dem gleichen Höhenniveau mit dem Hund kann zu gefährlichen Situationen führen. Auch bei gleichrangigen Artgenossen (und Ihr Sohn ist in den Augen Ihres Hundes höchstens gleichrangig) würde Ihr Setter so reagieren und versuchen, einen Teil der Semmel zu ergattern. Hier muss Ihre elterliche Aufsichtspflicht greifen: Solange das Kind ruhig auf dem Boden spielt, darf auch der Hund unter Aufsicht dabei sein. Wenn das Kind etwas zum Essen bekommt, legen Sie den Hund in sicherer Entfernung ab, bis das Kind aufgegessen hat. Einen eventuellen Rest der Semmel entfernen Sie sofort und deponieren ihn in der Küche, bis der Hund seine nächste Hauptmahlzeit gefressen hat. Erst dann bekommt er diesen Rest. Wenn solche Situationen immer unter Ihrer Aufsicht stattfinden und Sie auch Ihr Kind daran hindern, den Hund zu füttern, wird er bald gelernt haben, dass Futter in Kinderhänden für ihn tabu ist.

286. Rangordnung – Forderndes Verhalten:
Wenn ich mit meinem Rüden Hasso auf der
Couch sitze, lässt er sich langsam in die Liege-
position gleiten und drückt mit seinen Beinen
so lange gegen mich, bis es mir zu eng wird
und ich aufstehe. Was bedeutet das?

Ihr Hund möchte testen, ob Sie noch fähig sind, das
Rudel zu führen. Vermutlich strahlen Sie in seinen
Augen zu wenig Autorität aus und benehmen sich
auch sonst sehr untypisch für einen Rudelführer. Es
kann sein, dass Sie in der Vergangenheit sein dominantes Verhalten, zum Beispiel Verteidigen des Futter-
napfes oder der Couch, nicht sofort konsequent und
bestimmt unterbunden haben. Nun zeigt Hasso eine
Art »forderndes Verhalten«, um Sie als Rudelchef
abzusetzen. Sie müssen schnellstens gegensteuern und
die Rangordnung wieder klarstellen. Wenn Hasso
zum Beispiel engsten Körperkontakt aufnimmt und
durch forderndes Schieben oder gewichtiges Auflegen
des Kopfes auf Ihren Oberschenkel verlangt, gestreichelt zu werden, müssen Sie sofort brüsk und wortlos
aufstehen und dürfen den Hund nicht mehr beachten. Wenn er Sie beim Ballspiel seitwärts, vielleicht
sogar schon frontal anspringt, um Sie aufzufordern,
noch schneller zu werfen, müssen Sie das Spiel sofort

EXTRATIPP

Dominanzprobleme vermeiden
Hunde brauchen keinen Diktator oder Zirkus-Dompteur, sondern verlässliche Sozialpartner, die Führungseigenschaften
zeigen und die agieren, statt nur zu reagieren. Hunde haben
kein demokratisches Verständnis. Bei ihnen sticht immer noch
der Ober den Unter. Und sie sind laufend bestrebt, ihre Lebensqualität zu verbessern. Daher achten Sie bei allen Kontakten mit Ihrem Hund auf Ihr eigenes dominantes Verhalten.
Der Hund beurteilt Sie in dieser Hinsicht ebenso.

wortlos abbrechen und den Ball in Ihrer Kleidung verstecken.Und die Couch darf er ohne Ihre Genehmigung gar nicht betreten.

287. Rangordnung – Übung »Aus«: **Mein Hund lässt sich nichts wegnehmen. Meint er sein Knurren ernst, oder ist es ein Spielknurren?**

Wahrscheinlich hat der Hund von frühester Jugend an mit seinem Knurren bei seinen Geschwistern und auch bei Ihnen Erfolg gehabt, indem Sie ihm nachgegeben haben und er das Spielzeug behalten konnte. Wenn Sie ihm dieses Verhalten nicht umgehend zum Beispiel durch ein konsequentes Dominanztraining (→ Seite 249) abgewöhnen, wird er eines Tages seine Drohungen (Knurren) wahr machen und Sie ernsthaft disziplinieren, was er nur mit seinen Zähnen kann. Unterlassen Sie ab sofort Zerr- und Kampfspiele, bis sich seine Unterordnung wieder gefestigt hat. Führen Sie über den ganzen Tag verteilt Gehorsamsübungen durch, und füttern Sie seine Tagesration Futter als Belohnungen aus der Hand, um ihn mehr von Ihnen abhängig zu machen. Er muss sich sein Futter Stück für Stück durch Wohlverhalten tagsüber verdienen. Außer dieser »Verdienstmöglichkeit« darf er kein anderes Futter bekommen. Wenn er hungrig ist, tauschen Sie zum Beispiel eine Handvoll Futter gegen den Gegenstand, den er im Fang hat und nicht hergeben will.

288. Rangordnung – Verteidigung der Couch: **Mein einjähriger Hund knurrt, wenn er von der Couch runter soll. Was muss ich tun?**

Momentan ignorieren Sie das Knurren. Eine körperliche Auseinandersetzung könnte bei einem größeren Hund gefährlich sein. Locken Sie ihn mit Halsband und Leine, so als wollten Sie Gassi gehen. Geht er von der Couch, legen Sie ihm das Halsband um und leinen Sie ihn an. Jetzt verlangen Sie mehrmals, ohne Verärgerung auszustrahlen, die Übungen »Sitz« und »Platz und Bleib«, die Sie auch mit Leckerchen belohnen. Rufen Sie ihn zwischendurch auch mit »Hier« ab und lassen ihn vorsitzen. Verbieten Sie ihm generell, die Couch zu benutzen. Befolgt er die Übung »Hier« wieder zuverlässig, rufen Sie ihn auch von der Couch mit diesem Hörzeichen ab, wenn er verbotenerweise doch wieder auf der Couch liegt.

Um die verschobene Rangordnung wiederzuherzustellen, müssen Sie wieder verstärkt Gehorsamsübungen durchführen und auch Ihr eigenes Dominanzverhalten überprüfen.

289. Schlechtes Gewissen: Wenn mein Hund vom Jagen zurückkommt, ist er sehr unterwürfig und meidet den Kontakt mit mir. Hat er ein schlechtes Gewissen?

Hunde kennen keine solchen Ehrbegriffe. Ihr Hund erinnert sich sicher an frühere negative Einwirkungen von Ihnen, als er die ersten Male vom Wildern freudig zurückkam. Sie haben ihn damals aus Sorge um ihn verbal oder sogar körperlich bestraft, um ihm das Wildern auszutreiben. Das war aus Sicht des Menschen verständlich. Was Sie ihm damit aber nur ausgetrieben haben, ist das freudige Kommen. Seine Unterwürfigkeit ist eine Beschwichtigungsgeste, da Sie trotz seines Zurückkommens immer noch eine »sozio-negative« Ausstrahlung haben, und er erinnert sich noch ganz genau daran, welche Unannehmlichkeiten ihn beim letzten Zurückkommen erwarteten. Wichtig: Ganz gleich, was Ihr Hund vorher getan hat, wenn er zurückkommt, müssen Sie sich freuen. Das Jagen können Sie nur unterbinden, indem Sie ihn in Zukunft nicht mehr ohne Leine laufen lassen und seinen Grundgehorsam durch regelmäßiges Training der entsprechenden Übungen festigen.

290. Unerwünschtes Verhalten – Anspringen: Unser Sammy begrüßt Besucher immer noch begeistert, indem er an ihnen hochspringt. Was kann man tun?

Ich gehe davon aus, dass Ihr Hund ansonsten einen guten Gehorsam zeigt. Dann gehen Sie in Zukunft so vor: Wenn Sie von draußen in die Wohnung kommen, dürfen Sie den Hund kaum beachten,

> *»Aufreiten« muss nicht immer hypersexuelles Verhalten sein. Es kann auch Dominanzverhalten bedeuten.*

also keine überschwängliche Begrüßung. Wenn Sammy springt, sagen Sie hart »Nein« und drehen sich schnell um, ohne ihn anzuschauen. Auf den strengen Befehl »Sitz« muss der Hund sofort sitzen (wenn das nicht klappt, sollten Sie die Übung »Sitz« noch mal vertiefen). Erst wenn der Hund sitzt, begrüßen Sie ihn. Verlangen Sie von ihm das »Sitz« auch, wenn Gäste kommen, und instruieren Sie die Gäste entsprechend, dass sie Sammy erst begrüßen dürfen, wenn er ruhig sitzt. Den Befehl zum Sitzen geben anfangs Sie selbst, und die Gäste wiederholen es dann.

291. Unerwünschtes Verhalten – Aufreiten: Wie gewöhne ich meinem Hund das »Aufreiten« ab?

Dieses unangenehme Verhalten kommt oft bei sexuell übererregten Rüden im Alter zwischen einem oder zwei Jahren vor. Aber auch Hündinnen während der Hitze verhalten sich manchmal so. Dabei reiten diese Hunde nicht nur auf anderen Hunden auf, um ihre

Dominanz zu zeigen, sondern sie »missbrauchen« auch die Knie von sitzenden Besuchern, sich bückende Kinder oder auch einfach das Sofakissen. Legen Sie sich eine Pflanzenspritze oder eine Wasserpistole bereit, und spritzen Sie dem Hund während des Aufreitens einen scharfen Wasserstrahl ins Gesicht, um ihn zu erschrecken. Hilft das nicht, dann sollten Sie mit Ihrem Tierarzt über eine Hormonbehandlung oder eine Kastration sprechen.

292. Unerwünschtes Verhalten – Bellen: Unsere Nachbarn und wir sind schon ganz genervt, denn unser Hund Dino hat nichts anderes zu tun, als sinnlos zu bellen. Wie kann man ihn »abschalten«?

Im ersten Teil Ihrer Frage nennen Sie im Prinzip schon den Grund von Dinos sinnlosem Bellen: »Er hat nichts anderes zu tun!« Auf lange Sicht können Sie das Bellen von Dino nur eindämmen, wenn Sie bei ihm in der Haltung und Erziehung einiges gravierend verändern. Ganz wichtig ist, dass Sie mit Dino einen Grundkurs absolvieren, um ihn im Gehorsam in den Griff zu bekommen. Außerdem sollten Sie mit ihm regelmäßige und auslastende Spaziergänge unternehmen, bei denen er sich durch Spiele mit Artgenossen oder Apportierspiele viel körperlich bewegt, oder indem Sie ihn neben dem Rad laufen lassen oder ihn zum Joggen mitnehmen. Jedes Mal, wenn er einen Bellanfall hat, müssen Sie diesen unmittelbar nach dem ersten Ton mit einem festen Schnauzengriff und mit einem strengen »Nein« unterbrechen. Ist er daraufhin ruhig, loben Sie ihn und bestärken dadurch das erwünschte Verhalten positiv. Bieten Sie ihm zum Ausgleich ein Spiel, wie zum Beispiel ein Versteckspiel, Hütchen-Spiel oder einfach ein Ballspiel. Der Hund muss lernen, wann er Ruhe zu geben hat und wann er zum Ausgleich mit Ihnen toben darf. Wann, wo und wie, bestimmen aber immer Sie.

293. Unerwünschtes Verhalten – Bellen beim Autofahren: Warum ist unser Hund Luna während der Autofahrt so verrückt und laut vor Freude?

Wahrscheinlich nimmt Ihr Hund auch an vielen anderen Dingen begeistert Anteil. Derartiges, sehr störendes Verhalten zeigen temperamentvolle Hunde oft, wenn sie mit dem Auto immer nur zu freudigen Erlebnissen (Hundespielplatz oder Hundesport) transportiert werden. Beruhigungsmittel, die manche Tierärzte dann verschreiben, helfen auf Dauer nicht, da Sie damit sein Verhalten nicht ändern.
Installieren Sie im Auto einen Sicherheitsgurt, der Luna am Hin- und Herhüpfen wirkungsvoll hindert. Sie darf sich nur noch setzen oder legen können. Ab jetzt nehmen Sie den Hund zu allen Fahrten mit und nicht nur zu solchen, die für ihn mit einem lustvollen Erlebnis enden. Auch mehrmals nur um den Block zu fahren oder Einkaufen mit Wartezeiten im Auto gehören zu Lunas Trainingsprogramm. Um ihr das Bellen abzugewöhnen, brauchen Sie viel Geduld. Therapien dauern oft lange, bis sie wirken.

294. Unerwünschtes Verhalten – Besuch anknurren: Immer wenn wir Besuch haben, knurrt unsere Hündin die Gäste an. Warum tut sie das?

Das kann verschiedene Ursachen haben: Häufig handelt es sich um Hunde mit angeborener Wesensschwäche, oder sie knurren aus Unsicherheit oder aus Angst, weil sie nicht oder mangelhaft sozialisiert wurden. In den meisten Fällen entwickeln sich solche Hunde zu »Angstbeißern«, wenn es ihnen zu eng wird, etwa wenn der Besuch zu nahe an ihnen vorbeigeht. Zur Sicherheit sollten Sie deshalb Ihren Hund in ausreichender Entfernung auf seinem Platz ablegen oder ihn sogar anleinen, wenn der Besuch kommt.

Die Gäste dürfen Ihre Hündin in keiner Weise beachten. Wenn sie mit der Zeit durch Gewöhnung (→ Seite 32) sicherer geworden ist, wird sie das Knurren unterlassen und vielleicht von sich aus vorsichtig Kontakt mit den Besuchern aufnehmen.

Hunde, die speziell zum Bewachen und zum Schutz ausgebildet wurden, müssen von Besuchern grundsätzlich ferngehalten werden. Sie würden durch den Umgang mit Fremden in ihren Schutzeigenschaften nachlassen.

295. Unerwünschtes Verhalten – Betteln: Wie gewöhnen wir unserem Hund das Betteln ab?

Ein Hund bettelt nur am Tisch, wenn er schon die Erfahrung gemacht hat, dass er mit Betteln erfolgreich ist. Stellen Sie deshalb alle Futtergaben außerhalb seiner Mahlzeiten ein, mit Ausnahme der Belohnungs-Leckerchen, die er sich durch erwünschtes Verhalten verdienen muss. Seine normalen Mahlzeiten bekommt er nur aus seiner Schüssel zu festen Zeiten. Um zu verhindern, dass er am Tisch bettelt, muss der Hund während aller Mahlzeiten seiner Menschen in Sichtweite auf seinem Platz (Decke) mit dem Kommando »Platz und Bleib« liegen bleiben. Ist der Hund noch sehr jung, kann es notwendig sein, dass Sie ihn auf seiner Decke anleinen, weil er noch nicht so lange liegen bleiben und sich konzentrieren kann. Ist der Hund brav liegen geblieben, wird er nach dem Essen mit viel Lob und eventuell dann und wann mit einem Leckerchen entlassen.

296. Unerwünschtes Verhalten – Garten umgraben: Jedes Mal, wenn unser Hund im Garten ist, gräbt er wie wild. Was können wir tun?

Hunde graben mit Leidenschaft im Garten, wenn ihnen im Welpenalter von ihren unwissenden Besit-

zern mit der Frage »Wo ist das Mäusle«? ein Mause-
loch gezeigt wurde und so ihr Jagdtrieb gefördert
wurde. Oder sie graben, weil sie keine Beschäftigung
haben und es ihnen im Garten zu langweilig ist.
Unterbinden Sie das Graben und lassen Sie Ihren
Hund nur noch unter Aufsicht in den Garten laufen.
Den geringsten Versuch einer Grabarbeit brechen Sie
ab, indem Sie eine schreckauslösende Klapperdose
oder Disc-Scheiben werfen. Werfen Sie diese Hilfsmittel so, dass der Hund nicht merkt, dass Sie von Ihnen
kamen. Sonst würde er in Zukunft nur dann nicht
graben, wenn Sie in der Nähe sind. Als Ersatzbefriedi-
gung für das Graben müssen Sie Ihrem Hund mehr
artgerechte Beschäftigung anbieten, zum Beispiel
Wurfspiele mit der Frisbee-Scheibe oder Ballspiele.
Jegliches Jagdverhalten müssen Sie unterbinden!

**297. Unerwünschtes Verhalten – Jagen: Sobald
unser Hund ein Reh von Weitem sieht, ist er
schon auf und davon. Wie können wir ihm das
Hetzen von Wild abgewöhnen?**

Ich hoffe, dass Ihr Hund keinen rassebedingt angezüchteten Jagdtrieb hat, denn für diese Hunde ist
Jagen eine Leidenschaft, durch die sie sich schon

EXTRATIPP

Jagdhunde, Herausforderung für Halter
Jagdhunde haben Freude an Bewegung und an gemeinsamen
Unternehmungen. Sie sind selten in Rangkämpfe verwickelt
und kennen kaum Futterneid. Sie sind temperamentvoll, intel-
ligent und anpassungsbereit, aber sie brauchen unbedingt
regelmäßige Beschäftigung. Die klassischen Jagdhunderassen
gehören in die Hände von Jägern und eignen sich nicht als
Gesellschaftshunde. Diesen Hunden die angezüchtete Jagd-
leidenschaft mit Zwang abzugewöhnen, ist nicht artgerecht.

Wenn der Hund dazu neigt, sich vom Tisch zu bedienen, dann darf Essbares nicht so leicht zu erreichen sein.

belohnen, selbst wenn sie nichts erwischen (selbstbelohnende Leidenschaft). Dies lässt sich kaum abgewöhnen. Sie empfinden dabei höchste Lust – und das umso mehr, wenn sie schon einmal Erfolg bei der Jagd hatten. Auf keinen Fall darf der Hund immer wieder Gelegenheit bekommen, diesen Trieb auszuleben. Und das heißt, dass Sie Ihren Hund ab sofort nur an der Zehn-Meter-Leine führen dürfen. Nur so abgesichert, können Sie auf Ihren Hund beim geringsten Jagdversuch korrigierend einwirken.

Zum Ausgleich muss der Hund aber als Jagdersatz anderweitig, entsprechend seiner körperlichen Voraussetzungen, ausgelastet werden: Energieabbau durch Frisbee, konsequenten Hundesport oder Ballspiele. Wenn diese Methode für Sie nicht »schnell« genug Erfolg zeigt, sollten Sie sich für umfangreichere und aufwendigere Abgewöhnungsmaßnahmen an einen guten Verhaltenstrainer wenden. Achten Sie aber darauf, dass dieser nicht mit Elektroschock oder anderen Starkzwangeinwirkungen arbeitet.

298. Unerwünschtes Verhalten – Klauen: Unser Hund stiehlt Essen vom gedeckten Tisch oder vom Küchenschrank, obwohl wir ihm hin und wieder von unserem Essen etwas geben. Wie können wir das ändern?

Wahrscheinlich traut sich Ihr Hund, Essen vom Tisch zu klauen, weil Sie ihn hin und wieder vom Tisch füttern. Es könnte aber auch sein, dass nicht nur die Futterrangordnung, sondern auch die soziale Rangordnung unklar ist. Das bedeutet, dass aus der Sicht Ihres Hundes alles ihm gehört, was so leicht erreichbar ist. Gewöhnen Sie Ihrem Hund das Klauen schnellstmöglich ab, indem Sie Dominanzübungen im Zusammenhang mit Futter machen (→ Seite 157). Behalten Sie Ihren Hund in der nächsten Zeit unter absoluter Kontrolle (→ Seite 89), füttern Sie ihn nicht mehr vom Tisch, und – ganz wichtig – lassen Sie nichts herumstehen. Hunde stehlen nicht, sie »finden« leckere Dinge, die sie leicht erreichen können.

299. Unerwünschtes Verhalten – Streunen: Unser zweijähriger Jack Russell Terrier schlüpft immer durch den Zaun und streunt umher. Wie können wir ihm das abgewöhnen?

Für dieses Verhalten kommen folgende Ursachen in Betracht: Einerseits ist der Hund zu wenig beschäftigt und körperlich ausgelastet, andererseits hat er eine zu geringe Bindung an seine Menschen. Infolgedessen sucht er den Kontakt mit anderen Hunden oder Menschen, die sich mit ihm abgeben.

In diesem Fall ist es wichtig, dass Sie die Haltungsbedingungen verbessern, indem Sie sich mit dem Hund mehr beschäftigen, ihn geistig und körperlich durch Aufgaben, die seiner Rasse entsprechen, fordern und zufriedenstellen. Außerdem sollten Sie seine sozialen Kontakte mit seinen Menschen innerhalb der Familie und gezielt mit anderen Hunden verstärken. Besuchen Sie regelmäßig mit ihm Hundespielplätze, damit er seine sozialen Bedürfnisse durch das Spiel mit anderen Hunden befriedigen kann.

Den Gartenzaun müssen Sie entsprechend absichern, und der Garten ist ab jetzt gemeinsamer Spielplatz für Mensch und Hund. Auf keinen Fall dürfen Sie den Hund dort allein »aufbewahren«. Mit der Zeit vereinsamt und langweilt sich unter solchen Umständen jeder Hund.

300. Unerwünschtes Verhalten – Unrat fressen:
Warum frisst unser Hund beim Spaziergang unappetitliche Dinge?

Der Hund ist von Natur aus Aasfresser, und für seine Verdauung und zu seinem Wohlbefinden braucht er manchmal alkalische Nahrungsbestandteile. Diese befinden sich unter anderem in faulendem, rohem Fleisch, also in Aas, weshalb der Hund Aas gierig frisst (Aashunger). Wenn Hunde Sand, Steine, gebrauchte Papiertaschentücher oder sogar Kot anderer Lebewesen fressen, deutet dies auf einen bestimmten Mangel in der Ernährung hin. Lassen Sie Ihren Hund in diesem Fall von Ihrem Tierarzt auf Vitamin- oder Mineralstoffmangel untersuchen. Vielleicht lässt sich auch dieses Problem einfach durch eine Futterumstellung auf naturbelassenes Futter aus der Welt schaffen. Bis zur völligen Abgewöhnung hilft nur absolute Kontrolle an der Leine und sofortiges Einwirken (Erschrecken durch Klapperdose oder Disc) beim Versuch, etwas Unerlaubtes aufzunehmen.

Den Zaun betrachten Hunde als Reviergrenze, die sie bewachen.

301. Unerwünschtes Verhalten – Verbellen:
Wieso bellt mein Hund am Zaun jeden
Vorübergehenden an?

Es gibt leider viele Leute, die meinen, dass es der
Hund gut hat, wenn er stundenlang im Garten ohne
Aufsicht laufen darf. Und deshalb unternehmen sie
nichts weiter mit ihm. Der Hund leidet aber schon
bald unter Langeweile, und er nimmt Anteil am Leben außerhalb des Zaunes: an anderen Hunden, spie-
lenden oder ihn ärgernden Kindern usw. Mit der Zeit
lernt er das »Vertreibungsspiel«: Er reagiert zunächst
aus Unsicherheit oder weil er sein Revier verteidigen
will, mit Bellen. Alles, was er verbellt, geht ja nur am
Zaun vorbei, aber der Hund meint, die »Feinde« vertrieben zu haben.
Um ihm das Bellen am Zaun abzugewöhnen, müssen
Sie mehr als bisher Ihren Hund beschäftigen. Lassen
Sie ihn nur unter Ihrer Aufsicht in den Garten, um
sofort beim ersten grundlosen Bellen auf ihn einwirken zu können (→ Seite 238). Sollten Sie einen Hund
haben, dem die Wachhundeigenschaften angezüchtet
wurden, wie Spitze, Terrier, Foxterrier oder Hütehunde, wird Ihnen das Abgewöhnen kaum gelingen. Hier
hilft nur, den Hund im Haus zu halten und ihn aus-
lastend zu beschäftigen, zum Beispiel mit Hunde-
sportarten.

302. Unerwünschtes Verhalten – Zerren: Wenn
wir mit unserem Hund Rico spazieren gehen,
zerrt er ständig an der Leine. Was haben wir
falsch gemacht?

Vermutlich haben Sie die ersten Ziehversuche Ihres
Hundes an der Leine nicht ernst genommen und
ihnen nachgegeben, sie also unbewusst geduldet. Der
Hund hat dadurch mit der Zeit gelernt, dass er durch
Zerren dahin kommt, wohin er will. Er hat sich ange-
wöhnt, dass er das Tempo und die Richtung beim

Spaziergang bestimmt. Sie können ihm das vehemente Zerren nur abgewöhnen, wenn Sie ihm klarmachen, wer der Chef im Rudel ist. Wenn Rico wieder in eine Richtung zerrt, schalten Sie auf stur und bleiben abrupt und kommentarlos stehen. Kommt er verwundert zu Ihnen zurück in den lockeren Leinenbereich, loben Sie ihn. Wenn nicht, gehen Sie kommentarlos in die entgegengesetzte Richtung. Rucken Sie aber auf keinen Fall absichtlich zur Strafe an der Leine, denn Rico soll den Ruck selbst auslösen, weil er nicht auf Sie achtet. Dadurch bestraft er sich selbst.

303. Unerwünschtes Verhalten – Zerstörungswut: Wenn wir unseren Dackel Basko allein lassen, vergreift er sich an Kissen, unseren Schuhen oder Tischbeinen. Wie können wir ihm das abgewöhnen?

Nach der Arbeit ist gut ruhen. Langeweile macht auch müde.

Zerstörungswut wird häufig pauschal der Trennungsangst zugeordnet. Aber nach meiner Erfahrung

heulen und bellen unter Trennungsangst leidende Hunde und verlieren sogar Urin, aber sie zerstören nicht ganze Wohnungseinrichtungen. Das deutet eher auf zu wenig Auslastung und Beschäftigung oder auf eine nicht geregelte Rangordnung hin.

Nicht ausgelastete Hunde rebellieren eher nur mit Bellen und leichterem »Umarbeiten« von Tisch- oder Stuhlbeinen. Ein Hund, der sich in der Rangordnung relativ weit oben sieht, wird dagegen aus Wut die größeren Verwüstungen anrichten, weil er als Chef allein zu Hause bleiben musste und dadurch die Kontrolle über sein Rudel verloren hat.

Doch egal, welche Ursache der Zerstörungswut von Basko zugrunde liegt, Sie müssen ihn schrittweise an das Alleinbleiben gewöhnen (siehe Seite 139). Fühlt sich Basko als Rudelchef, ist es nötig, die Rangordnung zu korrigieren (→ Seite 170–174).

304. Unsauberkeit beim älteren Hund: Unsere einjährige Jagdhund-Mix-Hündin ist nicht stubenrein. Wie bekommen wir sie sauber?

Bei einem Hund in diesem Alter dauert es sicher etwas länger, stubenrein zu werden, aber mit Konsequenz und viel Aufmerksamkeit schaffen Sie es. Wichtig ist, dass sich Ihre Hündin nur in einem Raum aufhält, damit Sie sie besser beobachten können. Bringen Sie Ihre Hündin sofort hinaus, wenn sie zur Tür läuft oder wenn sie schnüffelnd einen Löseplatz sucht. Tagsüber sollten Sie alle zwei Stunden mit ihr ins Freie gehen, zusätzlich auch nach jedem Schlafen und nach jeder Wasser- und Futteraufnahme. Wenn Ihre Hündin draußen wie erwünscht ihr Geschäft macht, sollten Sie sie schon während der Verrichtung ausgiebig loben.

Passiert trotz gewissenhafter Aufsicht in der Wohnung etwas, dann ignorieren Sie den Vorfall. Auf keinen Fall dürfen Sie mit der Hündin schimpfen oder sie mit der Nase hineintauchen oder gar schlagen!

Fachbegriffe von A bis Z

➤ **Angstbeißer**
Hunde mit gestörtem Sozial- und Kommunikationsverhalten. Diese Angstaggression kann die Folge einer Wesensschwäche sein und ist dann angeboren, sie kann aber auch die Folge einer ungenügenden Sozialisierung oder von Bemutterung durch den Halter sein.

➤ **Arbeitshunde**
So nennt man Hunde, die speziell für verschiedene Arbeitseinsätze gezüchtet oder als Mischlinge dieser Rassen ebenso verwendet wurden. Die vielseitigsten sind in der Rassegruppe der Dienst- und Gebrauchshunde zusammengefasst. Hinzu kommen noch die vielen Spezialisten in der großen Gruppe der Jagdhunde, die nur für die Jagdarbeit gezüchtet wurden. Schlitten zu ziehen oder Bären und Wölfe zu jagen ist die Hauptarbeit der Nordischen Hunde. Herdenschutzhunde wehren Wölfe und Diebesgesindel von den Herden ab. Die Arbeitsmöglichkeiten für talentierte Hunde sind immer noch vielseitig: Polizei- und Drogenspürhunde, Rettungshunde, Gasspürhunde, Trüffelsuchhunde, Blindenhunde, Behindertenhilfshunde und ganz modern: Schimmelaufspürhunde. Hunde ohne Arbeitstalente heißen Gesellschaftshunde, die nur soziale Aufgaben haben.

➤ **Beißhemmung**
Ganz junge Welpen kennen noch keine Beißhemmung. Daher ist es eine irrtümliche Ansicht vieler Hundehalter, dass Hunde angeborenermaßen Welpen oder Artgenossen sowie den Menschen nicht beißen. Die Beißhemmung muss erst im Zuge von spielerischem Angriff und Kampfspielen gelernt werden. Wenn die Welpen im Spiel zu fest zubeißen, sollte man hart reagieren und sie entweder zwicken oder umstoßen.

➤ **Beschwichtigung**
Signal, mit dem der Unterlegene dem stärkeren Hund mitteilt, dass er sich unterwirft. Sie hemmt bei guter Sozialisierung die Aggressionsbereitschaft des überlegenen Hundes. Beschwichtigungsgesten sind zum Beispiel gähnen, züngeln, pfötteln oder den Blick abwenden, zögerliches und unterwürfiges Herankommen.

➤ **Clicker**
Trainingsgerät, das klickende Geräusche von sich gibt. Der Hund wird darauf konditioniert (→ Seite 33), das Kli-

cken mit Leckerchen zu verknüpfen. Dadurch wird das Geräusch für den Hund zum Reiz, es steht stellvertretend für Belohnung.

➤ Demutspose

Es ist eine Körperhaltung, die bisweilen beim ersten Kontakt zwischen zwei Hunden, vermehrt aber bei Auseinandersetzungen vom unterlegenen Hund eingenommen wird und die stark aggressionshemmend wirkt. Zum Beispiel Rückenlage mit Blickvermeidung. Wenn der Gegner ein ausgeglichenes Sozialverhalten besitzt, wird der Kampf abgebrochen. Sehr umweltunsichere Hunde zeigen diese Körperhaltung fast bei allen Kontakten mit Artgenossen und auch Menschen.

➤ Dominanztraining

Diese Art von Training ist dazu angetan, durch Veränderung des menschlichen Verhaltens dem Hund zu beweisen, dass er sich dem Menschen unterzuordnen hat. Dies gelingt nur, wenn der Mensch im Umgang mit dem Hund dominantes Verhalten lernt, welches der Hund dann anerkennend als ranghöher wertet. Dies bezieht sich auf alle Aktionen im täglichen Leben, die der Hund mit Unterordnung beantworten soll, zum Beispiel Führigkeit und Anhänglichkeit.

➤ Führigkeit

Ein führiger Hund ist leicht zu erziehen, denn er ist von sich aus bestrebt, auf seinen Menschen zu reagieren und Übungen richtig zu befolgen. Führigkeit ist vor allem wichtig bei Rassen, die mit dem Menschen zusammenarbeiten, und war deshalb Zuchtziel bei allen Arbeitshunden, Jagdhunden, Hütehunden (→ »Arbeitshunde«).
Ein Hund mit wenig Führigkeit wird meist als eigensinnig oder sogar als dominant bezeichnet.

➤ Gebrauchshunderassen

Sammelbegriff für Hunderassen, die zu einem bestimmten Zweck gezüchtet wurden. Dazu gehören zum Beispiel Jagdhunde oder Hütehunde. Bei ihnen ist die Gefahr recht groß, dass sie unerwünschte Verhaltensweisen zeigen, weil sie ihrer artgerechten Beschäftigung nicht nachgehen dürfen und sich dann – wenn unterfordert – Ersatzbefriedigungen suchen, etwa den Garten umgraben.

➤ Gesellschaftshunde

Zwergrassen werden schon seit Jahrhunderten als sogenannte Begleit-, Familien- oder Gesellschaftshunde gezüchtet. Sie suchen viel menschliche Zuneigung und Kontakt. Über sinnvolle Beschäftigung freuen sie sich, von konsequenten Menschen sind sie in der Regel mehr oder weniger leicht erziehbar. Als Folge von Erziehungsfehlern während der Prägungsphasen können sich manche Rassen zu kleinen Despoten entwickeln.

➤ Hyperaktivität

auch Überaktivität. Ein hyperaktiver Hund zeigt einen übertriebenen Drang zur Bewegung und Aktivität. Die Hyperaktivität kann angezüchtet sein, vor allem bei Rassen, die für ihre Aufgaben viel Ausdauer brauchen, zum Beispiel Border Collie. Auch Hunde, die für spezielle Aufgaben gezüchtet wurden, ihrer artgerechten Beschäftigung nicht nachgehen dürfen, können wegen Unterforderung hyperaktiv werden. Hunde, die wenig Bewegung, aber zu energiereiches Futter bekommen, leiden ebenfalls oft an Hyperaktivität. Wenn Hunde etwa von Kindern ständig gefordert werden, kommen sie nicht zur Ruhe und können überdrehen.

➤ Hypersexualität

Übersteigerte/Übertriebene Ausprägung des sexuellen Verhaltensbereichs. Sie äußert sich in außergewöhnlich häufigen sexuellen Handlungen. Beispiele sind Aufreiten des Hundes auf Ersatzobjekten wie Menschenbeinen, Kissen oder Selbstbefriedigung bei Rüden. Laut Konrad Lorenz ist Hypersexualität eine Folge der Domestikation.

➤ Kastration

Entfernung der Hoden (Rüden) bzw. Eierstöcke und Gebärmutter (Hündinnen), damit die Hunde keinen Nachwuchs mehr zeugen oder bekommen können. Die Kastration ist kein geeignetes Mittel, um Wesensmängel, etwa Aggressivität, beim Hund zu beseitigen.

➤ Meideverhalten

Über das Meideverhalten hat man früher die Hunde allgemein erzogen und ausgebildet. Bei dieser Art der Erziehung führt der Hund ein Kommando nur deshalb aus, weil er versucht, einer unangenehmen Situation zu entgehen oder sich einer schmerzhaften Einwirkung wie Elektroschock oder Stachelhalsband zu entziehen. Heute arbeitet man über Motivation und positive Bestärkung des erwünschten Verhaltens.

➤ Mischlinge

Ein Mischling ist ein planlos oder durch Zufall gezeugter Hund, dessen späteres Verhalten wegen seiner oft unbekannten Vorfahren nicht vorhersehbar ist. Wenn die körperlichen Merkmale und die Wesensanlagen seiner Vorfahren zufällig gut zusammenpassten, dann hat man unter Umständen das schönste, gesündeste und intelligenteste Unikat von Hund – wenn aber der »Zusammenstand« nicht passt, kann auch das Gegenteil der Fall sein.

➤ **Reizlage**
Der Hund nimmt Reize über seine als Laufraubtier hervorragenden Sinne auf: unter anderem über Augen (Bewegungsseher), Nase und Ohren. Die dadurch aufgenommenen Reize sieht, riecht oder hört er. Was ihn besonders interessiert, versetzt ihn in eine bestimmte Reizlage. Bei mehreren gleichzeitigen Reizen sortiert er nach Intensität der einzelnen Reize und reagiert auf die stärkste Reizlage. Für die Erziehung ist es wichtig, dass die Reizlage, die von uns Menschen ausgeht, den Hund am stärksten interessiert.

➤ **Schussfestigkeit**
Angeborene oder ererbte Fähigkeit des Hundes, bei lauten knallenden Geräuschen nicht in Panik zu verfallen und – wenn nicht angeleint – zu flüchten. Nicht schussfeste Hunde haben zum Beispiel Angst vor Gewittern, lauten Geräuschen oder raschelnden Tüten in ihrer Nähe. Schussfestigkeit lässt sich trainieren, indem man den Hund allmählich an die Geräusche gewöhnt.

➤ **Standhitze**
Phase während der Läufigkeit der Hündin, der Ausfluss wird klar. In dieser Zeit ist sie zur Paarung bereit, dem Rüden signalisiert sie dies, indem sie ihren Schwanz zur Seite legt, damit er sie besteigen kann. Um Rüden anzulocken, senden die Hündinnen dann Geruchsstoffe (sogenannte Pheromone) aus. In der Zeit der Läufigkeit, vor allem der Standhitze, sind selbst sonst sehr gut erzogene Hündinnen unfolgsam.

➤ **Triebhaftigkeit**
Ein triebhafter Hund gibt bei Anwesenheit eines auslösenden Reizes seinen Trieben nach, das heißt, er zeigt die Bereitschaft zu einem bestimmten angeborenen Verhalten.

➤ **Wesensschwäche**
Angeborene Charakterzüge, wie Ängstlichkeit, Unsicherheit oder Nervosität. Sie lassen sich durch Erziehung kaum beeinflussen und sind auch medikamentös nicht behandelbar, weil man das Verhalten durch Medikamente nicht beeinflussen kann. Ein Hund mit angeborener Wesensschwäche kann Probleme im Zusammenleben machen.

Register

Halbfett gesetzte Seitenzahlen verweisen auf Abbildungen.
U bedeutet Umschlagseite.

Adressen

Verbände und Vereine

Fédération Cynologique Internationale (FCI), Place Albert 1er, 13, B-6530 Thuin, www.fci.be

Verband für das Deutsche Hundewesen e. V. (VDH), Postfach 104154, D-44041 Dortmund, www.vdh.de

Österreichischer Kynologenverband (ÖKV), Siegfried-Marcus-Straße 7, A-2362 Biedermannsdorf, www.oekv.at

Schweizerische Kynologische Gesellschaft (SKG/SCS) Postfach 8276, CH-3001 Bern www.hundeweb.org

Anschriften von Hundeclubs und -vereinen können Sie bei den vorgenannten Verbänden erfragen.

Deutscher Tierschutzbund e. V., Baumschulallee 15, D-53113 Bonn, www.tierschutzbund.de

Deutscher Hundesportverband e. V., Gustav-Sybrecht-Straße 42, D-44536 Lünen www.dhv-hundesport.de

Forschungskreis Heimtiere in der Gesellschaft, Postfach 110728, D-28087 Bremen www.mensch-heimtier.de

Interessengemeinschaft Deutscher Hundehalter e. V. Postfach 28 61 64, D-28361 Bremen

Internetadressen

www.hunde.com
www.hundewelt.de
(Infos rund um den Hund)
www.hund.ch (Hundeseiten Schweiz)
www.hunde.at (Hundeseiten Österreich)
www.hundeadressen.de (Infos zu Sport, Erziehung und Ausbildung, Züchteradressen)
www.mypetstop.com (Heimtier-Service)
www.ferien-mit-hund.de (Adressen hundefreundlicher Hotels)
www.hunde-helfen-kids.de (Hunde helfen Menschen e. V.)
www.hundezeitung.de (Infos über Hunde)

Hunde-Haftpflichtversicherung

Fast alle Versicherungen bieten auch Haftpflichtversicherungen für Hunde an.

Krankenversicherung

Uelzener Versicherungen Postfach 2163, D-29511 Uelzen www.uelzener.de

AGILA Haustierversicherung AG, Breite Straße 6–8, D-30159 Hannover, www.agila.de

Registrierung von Hunden

TASSO Haustierzentralregister für Deutschland e. V., Frankfurter Straße 20, D-65795 Hattersheim, Tel.: 06190/937300
www.tiernotruf.org

Internationale Zentrale Tierregistrierung (IFTA), Weiherstraße 8, D-88145 Maria Thann, Tel.: 00800/ 43820000 (kostenlos)
www.tierregistrierung.de

Fragen zur Haltung beantworten

Ihr Zoofachhändler und der Zentralverband Zoologischer Fachbetriebe Deutschlands e. V. (ZZF).
Nur telefonische Auskunft unter (06103) 910732,
Mo 12–16 u. Do 8–12 Uhr

Bücher

Feddersen-Petersen, D.: **Hunde und ihre Menschen.** Franckh-Kosmos Verlag

Hegewald-Kawich, H.: **Hunderassen von A bis Z.** Gräfe und Unzer Verlag

Ludwig, G.: **Das große GU Praxishandbuch Hunde.** Gräfe und Unzer Verlag

Ludwig, G.: **Der Hundeknigge. Benimm ist kein Zufall.** Gräfe und Unzer Verlag

Ludwig, G.: **Mit dem Hund spielen und trainieren.** Gräfe und Unzer Verlag

Ludwig, G.: **Hunde Spiele-Box.** Gräfe und Unzer Verlag

Pietralla, M.: **Clickertraining für Hunde.** Kosmos Verlag

Schlegl-Kofler, K.: **Praxishandbuch Hunde-Erziehung.** Gräfe und Unzer Verlag

Schlegl-Kofler, K.: **Hunde Erziehungs-Box.** Gräfe und Unzer Verlag

Schlegl-Kofler, K.: **Mein Heimtier: Mein Hund.** Gräfe und Unzer Verlag

Schlegl-Kofler, K: **Hunde-Erziehung.** Gräfe und Unzer Verlag

Schlegl-Kofler, K.: **Hundesprache richtig deuten & verstehen.** Gräfe und Unzer Verlag

Trumler, E.: **Mit dem Hund auf du.** Piper Verlag

Zeitschriften

Der Hund. Deutscher Bauernverlag GmbH, Berlin

Unser Rassehund. Herausgegeben vom Verband für das Deutsche Hundewesen e. V., Dortmund

Partner Hund. Gong Verlag, Ismaning

Titelbild: Aufmerksam vorsitzend – bereit für eine neue Übung.
Rückseite: Zwei Welpen blicken noch etwas unsicher in die Welt (oben).
Mit Belohnungshäppchen klappt jede Übung leichter (Mitte). Gut erzogen
in der Öffentlichkeit (unten).

Die Fotografen
Alsa-Hundewelt: 74/2;
Giel: U1, U2, 3, 40, 41, 50 o., 136, 176, 248;
Juniors/Köpfle: 61 u.;
Juniors/Schanz: 60 o., 61 Mi.;
Juniors/Wegler: 250;
Kuhn: 31 u., 64, 73, 85, 94 o., 112 Mi., 116;
Reinhard-Tierfoto: 13;
Schanz: 30 u., 31 o., 53 o.;
Silvestris online/Lenz: 63;
Steimer: U4 o., U4 Mi., U4 u., 4, 7, 12, 20, 27, 28 (beide), 30 o., Mi., 31 Mi.,
48, 50 u., 51 o., Mi., u., 53 u., 54, 59 (alle), 60 u., 61 o., 66, 67, 74/1, 74/3,
74/4, 75/1, 75/2, 80 (beide), 91, 94 u., 98, 102, 112 o., 112 u., 120, 121, 128,
131, 143, 150 (beide), 159, 160, 182, 183, 188, 192, 194, 197, 202, 204, 206,
213, 216, 217, 232, 242, 244, 246;
Wegler: 8, 10, 17, 42, 50 Mi., 60 Mi., 86, 103, 107 (alle), 152, 153, 162, 163,
237.

Pogrammleitung:
Christof Klocker
Leitende Redaktion: Anita Zellner
Redaktion: Nadja Harzdorf
Lektorat: Angelika Lang
Umschlaggestaltung und
Layout: Cordula Schaaf
Herstellung: Susanne Mühldorfer
Satz: Cordula Schaaf
Reproduktion: Penta, München
Druck: aprinta, Wemding
Bindung: Druckerei Auer,
Donauwörth

Printed in Germany

ISBN 978-3-8338-0871-5

1. Auflage 2008

GRÄFE
UND
UNZER

Ein Unternehmen der
GANSKE VERLAGSGRUPPE